国家级实验教学示范中心
“机械基础实验教学中心”系列实验教材
西南交通大学“323 实验室工程”系列教材

虚拟设计系统

主编　王培俊　罗大兵　毛茂林

主审　西南交通大学实验室及设备管理处

西南交通大学出版社
·成　都·

内容简介

作为一门高新实用技术，虚拟现实技术集成了计算机图形学、计算机仿真、人机接口、多媒体、传感器与测量技术等众多学科技术，在工程、军事、航空航天、建筑、医疗、培训、旅游和广告等多个领域得到了日益广泛的应用。其中，虚拟设计和虚拟制造技术在工程领域发挥着重要的作用。

虚拟现实技术的实践性很强。本书结合编者的研究工作，系统地讲解了虚拟设计中的多种人机交互方式，介绍了多个自主研制开发的典型应用系统，内容新颖，深入浅出，实用性强。主要内容包括：概述、虚拟设计系统的常用工具软件、多通道人机交互与基于数据手套的手势识别、基于三维立体鼠标的虚拟设计与装配、Web 环境下产品的实时交互虚拟定制、主动式与被动式三维立体显示系统、语音识别技术与虚拟装配、基于立体显示技术的多参数耦合滑动轴承虚拟实验等。

图书在版编目（CIP）数据

虚拟设计系统 / 王培俊，罗大兵，毛茂林主编. —成都：西南交通大学出版社，2012.3（2021.1 重印）
国家级实验教学示范中心“机械基础实验教学中心”系列实验教材 西南交通大学“323 实验室工程”系列教材
ISBN 978-7-5643-1700-3

Ⅰ. ①虚… Ⅱ. ①王… ②罗… ③毛… Ⅲ. ①仿真系统 Ⅳ. ①TP391.9

中国版本图书馆 CIP 数据核字（2012）第 038330 号

国家级实验教学示范中心
“机械基础实验教学中心”系列实验教材
西南交通大学“323 实验室工程”系列教材
虚拟设计系统
主编 王培俊 罗大兵 毛茂林
*
责任编辑 牛 君
特邀编辑 赵雄亮
封面设计 本格设计
西南交通大学出版社出版发行
四川省成都市金牛区二环路北一段 111 号西南交通大学创新大厦 21 楼
邮政编码: 610031 发行部电话: 028-87600564
http://www.xnjdcbs.com
成都勤德印务有限公司印刷
*
成品尺寸: 185 mm × 260 mm 印张: 4.875
字数: 120 千字
2012 年 3 月第 1 版 2021 年 1 月第 3 次印刷
ISBN 978-7-5643-1700-3
定价: 15.00 元

前　言

虚拟现实（Virtual Reality）技术是在计算机图形学、计算机仿真学、人机接口、多媒体以及传感器等技术的基础上发展起来的一门交叉技术，具有广泛的工程应用前景。针对21世纪高素质创新人才和个性化人才培养要求，按照夯实基础、拓宽视野、及时反映现代科学技术发展与进步的原则，本书旨在把新技术和现代设计方法引入实验教学，加强理论知识与实践教学的融合，拓宽学生的知识面，增强其创新意识、实践能力和科学实验素养，培养符合信息时代要求的、具有较强竞争能力的高级机械工程技术人才。

结合创新性实验项目开发、实验技术改革，西南交通大学机械基础实验教学中心在原有系列实验教材的基础上，新编写并出版了包括本教材在内的一批反映学科发展最新进展的实验教材，是西南交通大学“323实验室工程”系列教材的组成部分。

本书由8章组成，包括概述、虚拟设计系统的常用工具软件、多通道人机交互与基于数据手套的手势识别、基于三维立体鼠标的虚拟设计与装配、Web环境下产品的实时交互虚拟定制、主动式与被动式三维立体显示系统、语音识别技术与虚拟装配、基于立体显示技术的多参数耦合滑动轴承虚拟实验。虚拟现实技术具有较强的理论性和实践性，学生能在动手实践的基础上，充分发挥创造能力。经过几年的虚拟现实感知实验、个性化开放实验的实践摸索，我们积累了一些虚拟设计实践教学的经验，本书就是教学成果的阶段性总结。每章包括了我们自主研制开发的虚拟设计应用系统的案例介绍，章后给出了难易程度不同的实验项目，可用于前沿性感知实验、个性化开放实验以及研究探索型实验等不同层次的教学实践。

本书可作为高等学校理工科类本科学生开展较高层次的创新实验、个性化实验和开放实验的指导教材，本科生工程实践环节的指导教材，机械设计、机械设计基础课程的感知实验教材以及研究生“虚拟设计”课程的参考教材，也可作为从事虚拟设计、虚拟制造领域相关研究或者应用的人员的参考书。

本书在编写过程中，得到了西南交通大学机械工程学院研究生龙时丹、朱润华、赵崇、王文静、张荣、阳旭、李国良等同学的帮助，在此表示感谢！

由于编者水平有限，加之时间仓促，书中难免存在不妥之处，诚请批评指正。

编　者

2012年01月

目　　录

1 概　述

虚拟现实（Virtual Reality，VR）技术是在计算机图形学、计算机仿真学、人机接口、多媒体以及传感器等技术的基础上发展起来的一门交叉技术。它的“3I”特征，即沉浸感（Immersion）、交互性（Interaction）和想象性（Imagination）极大地促进了设计者想象力与创造力的充分发挥。在传统的人机系统中，人与计算机之间以一种对话方式工作。而在虚拟现实系统中，通过多通道用户界面，综合应用视觉、语音、手势等新的交互通道、设备和交互技术，用户可以利用多个通道以自然、并行、协作的方式与计算机进行人机交互，系统通过整合来自多个通道的精确的和不精确的输入信息，捕捉用户的交互意图，提高了人机交互的自然性和高效性。

20 世纪 80 年代后期以来，多通道用户界面（Multi-modal User Interface）成为人机交互技术研究的热点领域，在国际上受到高度重视。虚拟现实技术比以往的人机交互形式更有希望实现和谐的、“以人为中心”的人机交互操作。通过 20 多年的探索与研究，虚拟现实技术已走出实验室，开始进入实用化阶段并取得了显著的综合效益。实践证明，将信息技术应用于制造业，进行传统制造业的改造，是现代制造业发展的必由之路。以信息技术为依托，以协同设计、并行设计、虚拟设计、定制设计和逆向工程等技术为代表的先进设计技术，使产品的开发技术有了新的突破，代表了 21 世纪设计理论与实践的重要发展趋势。虚拟设计是计算机图形学、人工智能、计算机网络、信息处理、机械设计与制造等技术综合发展的产物，是由多学科先进知识组成的综合系统技术。其本质是以计算机支持的仿真技术为前提，在产品设计阶段，实时、并行地模拟产品开发全过程，预测产品性能、制造成本、可制造性、可维护性和可拆卸性等，从而提高产品设计的一次成功率，降低成本，提高产品竞争力。虚拟设计广泛应用在虚拟装配、产品原型快速生成、虚拟制造等领域。当今许多世界知名企业的产品设计都采用了这项先进技术，如波音公司、空客公司、通用汽车公司、奔驰汽车公司、福特汽车公司等。随着现代制造业的高速发展，虚拟设计在产品的概念设计、装配设计、人机工程学等方面必将发挥更加重大的作用。

利用网络和虚拟现实相结合进行产品的虚拟设计具有很多现实的产品设计所不具备的优势。在网络化环境下开发虚拟现实应用系统，实现虚拟设计，是异地协同设计的重要内容。受网络带宽的限制，目前实时协同设计系统大多数基于文本或二维 CAD 工程图纸，逼真性、临场感较差。有些三维协同设计系统需要商品化 CAD 平台的支持，影响了其在基于 Web 的更大范围内的推广应用。因此，如何适应当前有限的网络带宽是成功实现基于 Web 的虚拟设计系统的关键。根据国情，开发低成本的虚拟现实系统应占主导地位。在低成本基础上开展和推广网络化设计，使协同工作系统适应广大中小企业的承受能力，具有重要的理论与现实意义。

1.1 虚拟现实技术的主要特征与系统组成

虚拟现实是一种可以创建和体验虚拟世界的计算机系统，或者说是一种基于可计算信息的视、听、触觉一体化的交互环境，是在图形学、电子显示、语音识别与合成、传感器等技术上发展起来的一门综合仿真技术。VR 技术具有三个重要特征：沉浸感、交互性与想象力。其中，沉浸感是指用户作为主角存在于虚拟环境中的真实程度，用户能够真切地感受到融入了虚拟空间中的程度。理想的虚拟环境应该达到使用户难以分辨真假的程度，用户感受不到身体所处的外部环境。交互性是指虚拟环境内的物体的可操作程度和从环境得到反馈的自然程度（包括实时性）。用户借助多信息通道和多交互手段，摆脱传统的鼠标、键盘的单一输入方式，感受到视觉、听觉、触觉和嗅觉等多种信息，实时地控制虚拟环境中虚拟物体的行为。例如，借助具有力反馈的数据手套，用户可以用手直接抓取虚拟环境中的物体，感觉物体的重量，配合六自由度位置跟踪器等硬件设备，场景中被抓的物体也会随着手的移动而移动，达到自然的人机交互效果。想象力是指用户沉浸在多维信息空间中，决定虚拟场景中的物体按照自己的意愿运动的能力。

VR 系统主要由软件环境、高性能计算机系统和输入输出设备三部分组成，如图 1.1 所示。

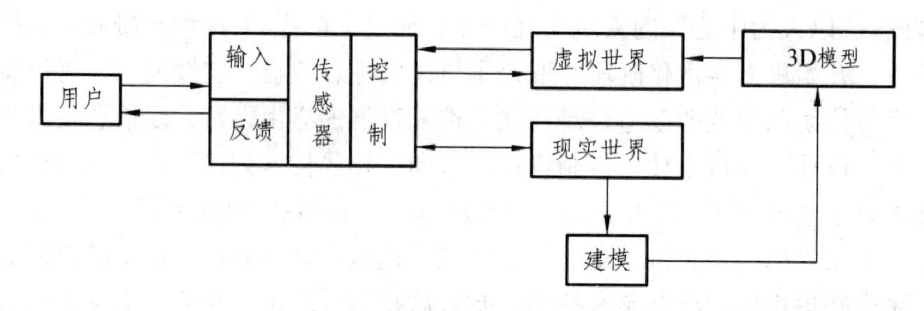

图 1.1 VR 系统的构成

1.2 虚拟现实技术的主要类型

VR 技术主要可以分为以下四类：

1. 非沉浸式桌面型 VR 系统

非沉浸式桌面型 VR 系统使用桌面计算机产生三维仿真，利用计算机屏幕观察 360° 范围内的虚拟环境，人机交互的主要设备是普通二维鼠标、六自由度立体鼠标、数据手套、操纵杆和力矩球等。在这种类型的 VR 系统中，参与者不能实现完全的沉浸感，即使用户戴上立体眼镜，仍然由于周围现实环境的干扰而缺乏真实的体验，不能达到完全的身临其境，只能实现半沉浸效果；但它的成本较低，使用方便。对于虚拟设计来说，其主要目的是与虚拟环境进行实时交互，因此非沉浸式或半沉浸式桌面型 VR 系统基本能够满足产品设计需要，应用较为广泛。

2. 沉浸式 VR 系统

沉浸式 VR 系统主要依赖于各种 VR 硬件设备，如头盔式显示器等，把参与者的视觉、听觉和其他感觉封闭起来，外部世界被屏蔽在视线之外，利用位置跟踪器、数据手套等设备与虚拟环境进行交互，产生一种身临其境的感觉。但许多用户在使用这种 VR 系统时，会产生眩晕、恶心、头痛等不适症状，不适的程度因人而异。常见的沉浸式系统有：基于头盔式显示器的 VR 系统、洞穴（CAVE）VR 系统、远程控制（存在）系统等。

3. 增强现实的 VR 系统

增强现实的 VR 系统不仅利用 VR 技术模拟、仿真现实世界，而且增强现实中无法或不方便感知的感受。

4. 分布式 VR 系统（Distributed Virtual Reality，DVR）

分布式 VR 系统可以看做是基于网络的同步虚拟现实系统。异地分布的多个用户通过计算机网络连接在一起，对同一虚拟世界进行观察和操作，达到实时协同工作的目的。

由于 VR 系统的软硬件成本较高，应根据不同用途和需要配置不同的系统，获得不同的沉浸感，避免因系统过于复杂而导致成本太高、维护的负担过重。例如，用于手机外形造型设计的异地协同设计系统，重点在于三维数据的快速远程传输和实时渲染，实时显示高质量的三维立体图像，而对听觉和触觉的要求较低，用普通鼠标和键盘进行操纵即可达到人机交互的目的。而在虚拟装配中，除三维图像外，还要求多通道人机交互，以便以自然的方式进行装配操作仿真；因此需要配备六自由度位置跟踪器、数据手套和立体眼镜等设备。

1.3 虚拟现实技术研究的关键问题

虚拟现实技术的发展特别依赖于人工智能、图形学、网络、面向对象、人机交互和高性能计算机等技术，其关键技术和研究内容较多，其中包括以下几个方面：

1. 环境建模技术

虚拟环境的建立是虚拟现实技术的核心内容，环境建模的目的是获取实际三维环境的三维数据，并根据应用的需要，利用获取的三维数据建立相应的虚拟环境模型。

2. 立体声合成和立体显示技术

在虚拟现实系统中，如何消除声音的方向与用户头部运动的相关性已成为声学专家们研究的热点。同时，虽然三维图形生成和立体图形生成技术已经比较成熟，但复杂场景的高质量的实时渲染与显示一直是计算机图形学的重要研究内容之一。

3. 力反馈

虚拟现实系统中，产生身临其境效果的关键因素之一是让用户能够直接操作虚拟物体并感觉到虚拟物体的反作用力。如何实现力反馈装置的高精度、大重量和低成本是一个需要进一步研究的问题。

4. 交互技术

虚拟现实中的人机交互远远超出了键盘和鼠标的传统模式，三维交互技术已经成为计算机图形学中的一个重要研究课题。此外，语音识别与语音输入技术也是虚拟现实系统的一种重要人机交互手段，提高识别精度是其研究内容之一。

5. 碰撞检测

碰撞现象在虚拟环境中普遍存在，影响着虚拟现实对象的行为和真实感。例如，在虚拟装配系统中，碰撞检测影响着虚拟手操作的实时性和真实感。广义碰撞检测包括碰撞检测（Collision Detection）、碰撞响应（Collision Response）和碰撞处理（Collision Handling）几个环节。当碰撞发生时，虚拟现实系统应该给用户一个直观的、延时很小的反馈。在现实世界中，手抓取物体时如果发生碰撞，物体将给手一个反作用力。但是，许多数据手套不具备力反馈功能，因此要用其他模式的反馈代替触觉反馈。虚拟现实系统在视觉上具有良好的实时性，用视觉反馈可以部分代替触觉上的反馈，将发生碰撞这一事件实时传递给用户。碰撞检测是虚拟现实技术的难点之一，碰撞检测算法的精度、实时性、简单性等均是研究的热点内容。

6. 系统集成技术

由于虚拟现实系统中包含有大量的感知信息和模型，因此系统的集成技术起着至关重要的作用。集成技术包括信息的同步技术、模型的标定技术、数据转换技术、识别和合成技术等。

7. 传感器技术

一个完整的虚拟现实系统由软件环境、高性能计算机系统和输入输出硬件设备等组成。理想的虚拟现实系统应具有人的所有感知功能，即除了一般计算机技术所具有的视觉感知之外，还有听觉感知、力觉感知、触觉感知、运动感知，甚至包括味觉感知、嗅觉感知等，用户可以借助多种传感器与多维的信息环境进行自然的交互。显而易见，以沉浸感、交互性和想象力为代表的虚拟现实技术与传感器技术的发展紧密相关。受传感器技术的限制，目前虚拟现实系统所具有的感知功能局限于视觉、听觉、力觉、触觉、运动等几种。

1.4 虚拟现实感知实验

1.4.1 实验设备

1. 硬件设备

实验所需硬件设备如下：

① HP 图形工作站 Workstation XW6200；

② 服务器 Dell T5500（四缓冲专业显卡）；

③ Epson 专业工程投影机 EB-Z8050W（专业镜头，偏振处理）；

④ 立体显示图像硬件分离器 WSR801；

⑤ 六自由度空间跟踪定位器（Polhemus Patriot^{TM}）；

⑥ 5DT Data Glove 5W 型数据手套，左手（五个自由度）、右手（七个自由度）各一只；

⑦ SpaceBall 5000 立体鼠标；

⑧ 专用金属幕布；

⑨ 5DT HMD 800-26（头盔）；

⑩ 偏振立体眼镜；

⑪ 闸门式立体眼镜及配套的红外线控制器等。

2. 软件平台

（1）VR 工具软件：WTK、OpenGL、OpenInventor、VRML、Java3D、C++等。

（2）应用系统：全部为自主研制开发。按 VR 系统类型的不同可分为以下两类：

① 表现沉浸感：夹具虚拟装配系统、基于立体显示技术的多参数耦合滑动轴承虚拟实验台、基于数据手套及六自由度跟踪器的电机壳体模具的虚拟装配系统、工程机械和减速器模型等；

② 表现三维交互性：虚拟手机外型设计系统、虚拟售票机、基于数据库和三维立体鼠标的活塞气泵虚拟装配系统、虚拟家具定制系统、西南交通大学犀浦新校区及国家级机械基础实验教学示范中心的虚拟漫游系统、虚拟数控加工仿真系统等。

1.4.2 实验内容与步骤

虚拟操作是真实人与虚拟世界交互的一种方式。本实验通过以下步骤，进行不同的 VR 系统的操作实践，体验不同程度的沉浸感。

1. 进行非沉浸式 VR 系统中的人机交互操作

使用二维鼠标、键盘、立体鼠标等交互设备进行人机交互，实现简单的虚拟操作，并体会虚拟声音等信息对沉浸感的影响。重点是虚拟定制设计系统和虚拟漫游系统的操作。

使用软件：虚拟手机外型设计系统、虚拟售票机、虚拟家具定制系统、水泵的虚拟装配仿真系统和基于 Web 的物流自动化分拣系统等。图 1.2 所示为物流自动化分拣系统的主界面。操作者可根据实际需要对不同种类货物的分拣顺序和货物总数进行定制，实现不同货物从进库、转移、分拣、暂存到出库等操作。虚拟分拣系统主要由货物、底座及支撑平台模块、货架模块（进货货架、出货暂存区）、驱动传动模块（电动机、皮带轮、传送带）、机械臂模块、分拣模块（控制装置、分拣装置）等模块组成。图 1.3 所示为西南交通大学犀浦新校区及国家级机械基础实验教学示范中心的虚拟漫游系统主界面。

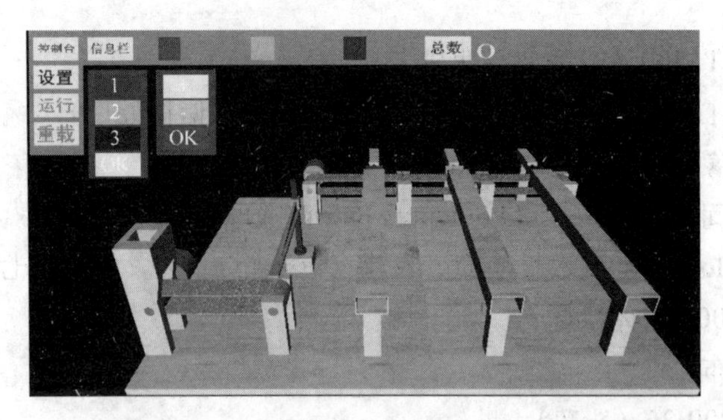

图 1.2　基于 Web 的物流自动化分拣系统人机交互主界面

图 1.3　虚拟漫游系统主界面

2. 体验半沉浸式 VR 系统

利用六自由度位置跟踪器和数据手套测量人手的位置和运动，通过计算机实现实物虚化（在虚拟环境中建立人的代理），然后通过虚拟代理来操作虚拟物体，实现自然的虚拟操作。

使用软件：基于手势识别的夹具的虚拟装配系统、基于碰撞检测的虚拟手抓取操作、基于数据手套及六自由度跟踪器的电机壳体模具的虚拟装配系统等。

3. 了解并体验立体显示

首先学习立体显示原理。在此基础上，进行以下操作：

(1) 基于桌面 PC 的 RCT 显示器和闸门式立体眼镜的主动式立体显示。

使用软件：基于闸门立体眼镜和头盔的桌面主动式立体显示系统。

通过本实验，了解人的心理因素对立体显示效果的影响，如通过导入不同形状的模型或分别导入同一产品的线框模型和实体模型并进行比较，或对同一模型设置不同的材质，这些因素将与产生双目视觉的生理因素共同作用，使观察者产生视觉上的差别。

（2）基于大屏幕投影和偏振眼镜的被动式立体显示。

使用软件：基于投影屏幕的被动式立体显示系统。

每位操作者戴上偏振立体眼镜，观察大屏幕（专用金属幕布）上的三维模型，体会正视差、负视差的区别。

4. 虚拟数控加工

利用虚拟数控加工仿真环境，进行数控编程基本训练，得到加工结果，实时观察分析加工过程。

图 1.4 所示为以广州机床厂生产的数控车床 GSK 928TC 为原型的虚拟数控加工仿真系统。

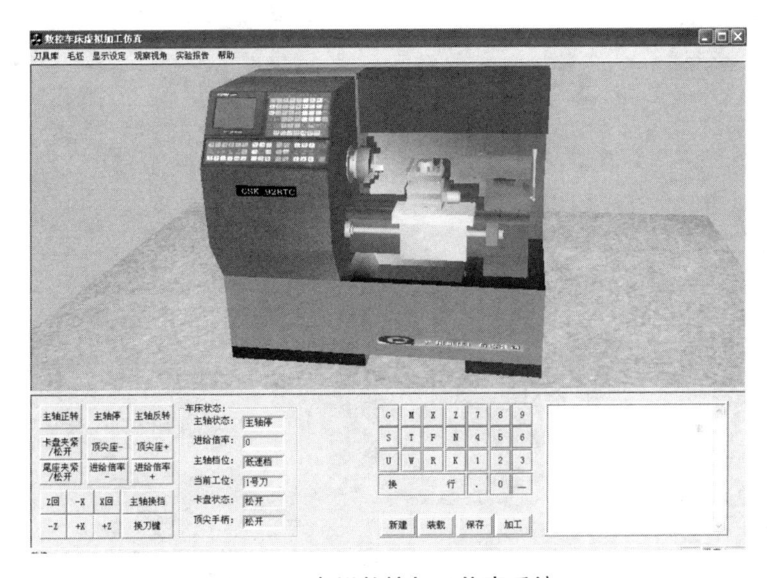

图 1.4　虚拟数控加工仿真系统

1.4.3 实验报告

虚拟现实与虚拟设计实验
实验报告

<table>
<tr><td>班级</td><td></td><td>姓名</td><td></td><td>学号</td><td></td><td>日期</td><td></td></tr>
<tr><td>指导教师</td><td colspan="5"></td><td>成绩</td><td></td></tr>
<tr><td colspan="8">1. 什么是虚拟现实?

2. VR 系统由哪几部分组成?

3. 虚拟现实系统主要的特征是什么?</td></tr>
</table>

4. 什么是虚拟设计与虚拟制造?

5. 什么是分布式虚拟现实系统?

6. 目前主要存在哪几种虚拟现实系统？请阐述其各自的特点。

7. 你所了解的虚拟现实系统中，常用的输入输出设备有哪些？其主要作用分别是什么？

8. 设计虚拟现实系统时，常用的软件有哪些？其中哪些是你比较熟悉的或已使用过的？

9. 举例说明国内外虚拟现实技术在工业、军事、交通、医疗、教育、航天、日常生活等领域中的应用实例。

2 虚拟设计系统的常用工具软件

计算机 3D 技术已广泛应用于游戏娱乐、计算机可视化、城市与商业仿真、教育和专业培训等领域。3D 工具软件主要用于生成虚拟设计系统中逼真的三维虚拟场景。虚拟现实系统的开发需要一定的图形库支持，这些图形库中有比较接近底层的 OpenGL，也有更高级的 WTK 和 Java 3D 等开发工具。简单的虚拟场景可采用 OpenGL、VRML 等标准直接进行开发，大型复杂的场景则最好使用专用 VR 开发软件如 WTK、Open Inventor、dVISE、Multigen & vega 等。常用的虚拟现实系统开发平台软件有 OpenGL、Java 3D、VRML、WTK、Cult 3D、Multigen Creator、AtmoSphere、Open Inventor、Quest 3D 和 Virtools 等。为满足异地协同设计的需要，分布式虚拟现实技术已成为一个新的研究领域，因此，在虚拟设计系统的开发中需要考虑虚拟现实系统是否能够基于网络。

OpenGL 是一个性能卓越的三维图形工业标准。作为一种图形与硬件的接口，OpenGL 包括了 100 多个图形函数，开发者可以利用这些函数建立三维模型和三维实时交互，它是从事三维图形开发工作的技术人员需要掌握的主要开发工具之一。

Java 3D 是 Sun 公司在研究 OpenGL、DirectX 和 VRML 的基础上发展起来的第四代 API。它是一个应用程序接口，用于编写三维图形应用程序。作为 Java 语言的扩展，它能够跨平台运行。Java 3D 封装了 OpenGL 或 DirectX 的底层函数，不仅可以实现 OpenGL 函数的功能，而且能够处理复杂的对象行为，并提供一些类方法支持虚拟现实设备，方便了在虚拟现实系统开发中的应用。Java 3D 支持实时装载器（Loader），因此可兼容多种三维模型文件格式。Java 3D 生成的 Applet 程序可以依靠 Java 强大的网络功能，嵌入到网页中与 Internet 集成，使其具备了 Web 3D 的特征。

VRML（Virtual Reality Modeling Language）即虚拟现实建模语言，是在 Internet 上定义三维交互式可视化应用的技术，是 Web 3D 甚至虚拟现实语言的鼻祖。VRML 具有平台无关性，是一种解释性语言，其基本特征包括分布式、三维、交互性、多媒体集成、场景逼真性等。

WTK（World Tool Kit）是由美国 Sense8 公司开发的虚拟现实环境应用开发工具，是一种简洁的跨平台软件开发系统。WTK 支持虚拟现实硬件设备，如头盔显示器、六自由度跟踪器和数据手套等，使多通道人机交互成为可能。

Cult 3D 是 Cycore 公司开发的一种虚拟现实软件。它利用网络技术和 3D 引擎在网页上建立互动的 3D 物体，在低带宽的连接上提供了高品质的渲染技术。网络用户可以在线浏览、观察、交互操作三维产品模型，真实地感受到物体的相关属性。Cult 3D 的内核基于 Java，具有很强的交互能力和扩展性。

MultiGen Creator 是一个完整的交互式实时三维建模系统，可以用来对战场、娱乐、城市和计算等领域的模型、地形数据库进行产生、编辑和查看。

Vega Prime 是 MultiGen-Paradigm 公司用于实时视景仿真、声音仿真和虚拟现实等领域的跨平台实时软件环境。它将易用的工具和高级仿真功能结合起来，用户可以迅速地创建、编辑、运行复杂的仿真应用，提高了开发效率。

Open Inventor 是目前广泛使用的对象导向绘图软件开发接口（API），具有跨平台的能力，程序开发使用的语言目前支持 C++和 Java。Open Inventor 将开发绘图程序所需要的复杂函式，转为易于使用的对象，使得绘图程序的建立变得更有效率。

Quest 3D 是一个实时 3D 建构工具。它提供了一个建构实时 3D 的标准方案，通过程序控制，可以应用在游戏研发、虚拟现实、影视动漫制作等领域，是目前国际上功能强大的虚拟现实与游戏引擎之一。

Virtools 集成了 3D 虚拟和互动技术，由创作应用程序、行为引擎、渲染引擎、Web 播放器和 SDK 等部分构成，主要特点是灵活、方便易用，广泛应用于游戏、互联网、工业合作等领域。Viewpoint 技术具有互动功能，可以创建照片级真实的 3D 影像，与其他高端媒体综合使用。它使用独有的压缩技术，把复杂的 3D 信息压缩成很小的数字格式，保证浏览器插件可以很快地将这些压缩的信息重新解释出来。

在众多的 VR 开发工具软件中，VRML、Java 3D 和 OpenGL 可以免费下载使用。从开发效率的角度考虑，WTK 和 Java 3D 这些高级的 API 更具优势；从 API 的获取途径上看，Java3D 为自由软件，而 WTK 为商业化软件；从网络功能上讲，由于 Java 在基于网络系统开发方面的强大能力，Java 3D 更具优势。利用 VRML、Java 3D 和 OpenGL 等开放的标准和技术，是开发低成本虚拟设计环境的有效途径之一。

2.1 Java 3D

Visual C ++等工具软件需要经过一定时间的学习与积累，才能熟练掌握与应用。受软件编程水平的限制，普通用户难以设计出比较复杂的三维应用程序，在一定程度上限制了这类复杂编程工具的广泛使用。Java 3D 技术是 SUN 公司于 1997 年推出的面向 Internet 的交互式三维图像应用编程接口，是一个性能优越的编写三维应用程序的工具。作为 Java 语言在三维领域的扩展，它继承了 Java 语言面向对象的特点，对初学者来说易学易用。Java 3D 与 Java 语言相结合，在开发基于 Internet 的三维网络应用系统时具有极大优势，可以在网页上运行，为在 Internet 上交互显示三维模型提供了极大便利。Java 3D 封装了计算机图形显示的许多功能，如图形的几何变换（放大、缩小、旋转及平移）、直接与鼠标功能相连、实现图形的消隐及光照颜色的处理等，因此编写 Java 3D 程序时，只需找到所需要的对象，了解对象并将其加以应用，就可以快速地编写出复杂的三维应用程序。但与 OpenGL 相比，Java 3D 属于高层的 API，虽然开发难度相对降低，但图形的效果以及对场景的控制都不够理想，因此无法应用在专业图形领域。

Java 3D 是面向对象的语言。应用程序把单独的图形元素作为分离的对象来构造，然后将其连接到一个树型结构（场景图）中。其编程模型基于图形场景，从而为描绘和渲染场景提供了一个简单灵活的机制。Java 3D 的代码可以自由传输，由于传输的不是图像本身，而是控制三维图像生成的程序，从而解决了网络速度的瓶颈问题。客户端在运行 Applet 的过程中，可以不断从服务器端获取数据来控制图像变化，形成丰富真实的三维可视化效果。结合 Java 网络编程，在程序中可建立客户端与服务器双向数据传送：一方面可以在服务器端存储大量的数据（如各种已建立的三维模型）供客户调用；另一方面可以借助服务器把广大的网络用户联系起来，使之可以在三维空间中进行实时交互、协同设计与协同工作。

2.1.1 Java 3D 的运行环境和场景图结构

Java 3D 根据硬件平台的配置，可以选用 DirectX 和 OpenGL 两个不同的版本。利用 Java/Java 3D 进行开发，需要安装 J2SE 和 Java 3D，同时需要对开发环境进行必要的配置。在 Windows 平台可下载安装 Java 3D for Windows（OpenGL Version）Runtime for Java。同时，需要指定 JRE 运行路径，在 Path 中加入“%JAVAHOME%\bin”；在 CLASSPATH 中指定 j3d.audio.jar、j3d.core.jar、j3d.utils.jar 和 vecmath.jar 四个文件的位置，这四个文件是 Java 3D 的基本类库。也可拷贝文件到 JRE 的扩展库目录“%JAVAHOME%\jre\lib\ext\”中。

Java 3D 程序生成的三维场景由一系列的 Java 3D 对象组成，它们以 DAG 图（Directed Acyclic Graph）的结构形式组成整个三维场景。该结构即场景图（Scene Graph），是由节点（Node）和弧（Arc）组成的数据结构。节点表示数据元素，而弧表示数据之间的关系，三维场景的绘制就是对场景图各个节点的遍历绘制。Java 3D 提供了大量 Java 3D 类，开发者可以通过实例化这些类创建各种 Java 3D 对象。这些对象包括几何体（Geometry）、外观（Appearance）、灯光（Light）、变换（Transform）、声音（Sound）以及行为（Behavior）等。

2.1.2 Java 3D 直接建立的形体

在 Java 3D 中可以直接建立的形体主要有以下两种：

1. 基本几何形体

Java 3D 的核心类中并没有定义任何基本形体，如球、圆柱、圆锥、立方体。但在 Java 3D 的工具包中提供了一些已经编写好的基本形体，如 Box，Cone，Cylinder 和 Sphere 等，这些类包含在 com.sun.j3d.utils.geometry 包中，编程时可以调用这些基本形体，构建新的形体。

2. Geometry 形体

在计算机三维图形中，从最简单的三角面片到复杂的三维场景模型都是由基于顶点的数据来建模和渲染的。三维图形从某种角度上讲就是点、线、面组合生成的各种基本形体，再由基本形体组合成各种复杂形体。Java 3D 中，Geometry 类是一个抽象父类，各类点、线、面等都是 Geometry 的子类。Geometry 的子类有三种：无索引的基于顶点的几何体、有索引的基于顶点的几何体以及 Raster、Text3D、Compressed Geometry 等可视对象。Geometry 形体提供了构造数据集从而创建几何形体的方法，具有重要的应用意义，如实现数据的可视化。

2.1.3 应用举例——B/S 模式下基于 Java 3D 的半沉浸式模具虚拟装配系统

Java 3D 编制的程序可以生成可视化场景的 Applet。用户从服务器下载 Applet 后在本地机上运行，在执行过程中可以不断从服务器获得控制图形变化的数据，而且 Java 3D 传输的不是图像本身，而是生成三维图像的控制程序及数据，从而大大减少了网络数据传输量。

本虚拟装配系统选择 Java/Java 3D 作为开发工具，以 HP Workstation 6200、5DT Data Glove 5W 型数据手套、Polhemus Patriot™ 和 3DG-S2 型闸门式立体眼镜为硬件支持，进行基于 B/S 模式的半沉浸式模具虚拟装配系统设计。模具属于工具范畴，精度高、结构复杂，其设计与制造带有很强的经验性和盲目性，是一个复杂的过程。从模具的图纸设计到后续的工程分析、加工处理、装配、试模，均需要不同领域的技术人员甚至不同企业的紧密协作，因此现代模具设计需要支持网络的计算机协同工作环境。在传统的 CAD 系统中进行模具设计时，人机交互手段比较单一，无法有效地发挥人在模具设计中的知识优势。将虚拟现实技术引入模具设计后，在多感知、沉浸式的虚拟环境中对模具设计进行评价分析，及时对模具设计进行改进，使设计者成为模具设计系统的有机组成部分。模具装配是模具设计的重要环节，一个交互手段多样化的模具装配虚拟环境能够使模具设计人员更完全地参与到模具装配过程中，对模具的可装配性进行评价，从而为装配工艺规划提供决策依据。

本虚拟系统由外设管理、零件导入、立体显示、视点调节、虚拟手操作和装配路径管理等模块组成。用户在虚拟环境中选择需要装配的模具零件，借助虚拟手抓取零件进行装配操作。在装配操作过程中，可以实时调节视差及视点，保存零件的装配坐标，生成装配路径，作为评价、分析和修改设计的参考。本虚拟系统实现的是阀体压铸模的装配，压铸模分为下箱、上箱、型芯和滑块。图 2.1 所示为滑块装配的虚拟场景。

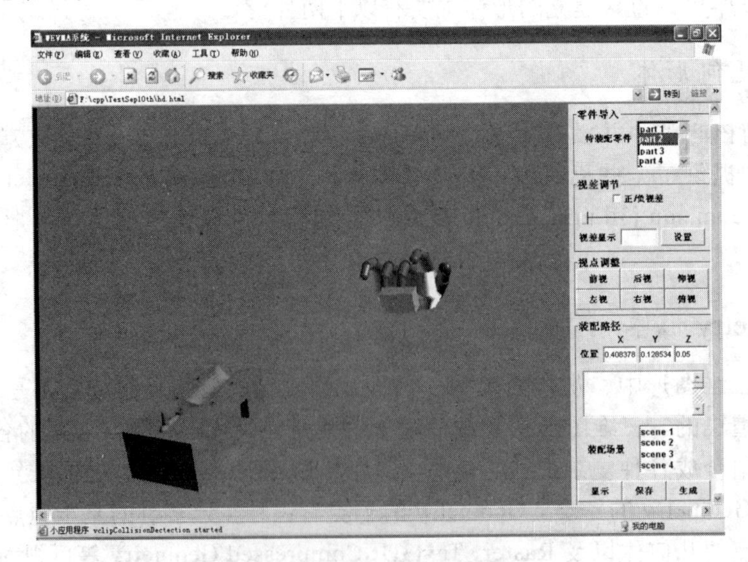

图 2.1 滑块装配场景图

机电产品的三维模型大多比较复杂。Java 3D 虽然具有建模功能，但如果模型比较复杂，直接利用 Java 3D 建模将十分困难。为了克服这一缺点，Java 3D 提供了可兼容多种三维模型文件格式的装载器，其中包括 VRML97 的装载器。

虚拟现实系统开发的一个重要环节就是接入虚拟现实硬件设备并读取相关数据。本虚拟系统的硬件设备分为两类：一类需要从 RS-232 串口或 USB 接口读取数据，如数据手套和六自由度位置跟踪仪；另一类则通过计算机其他的硬件插口接入，如立体眼镜。碰撞现象在虚拟环境中普遍存在，影响着虚拟现实对象的行为。碰撞检测一直是虚拟现实技术中的一个瓶颈，在虚拟装配系统中，碰撞检测影响虚拟手操作的实时性和真实感。当检测到碰撞之后，改变物体的运动、形状及其他行为属性，称为碰撞响应；而碰撞处理则是对碰撞触发的一系列事件，如穿透现象等进行控制的过程。Java 3D 本身有一些与碰撞检测相关的编程对象，它们虽然可以用于碰撞检测，但是它们还不完善，返回的碰撞信息并不详细，给后续的碰撞响应和碰撞处理造成了一定的困难。虚拟手操作中的抓取与释放等不仅仅需要检测到碰撞，还需要碰撞点的位置、操作对象与虚拟手的位置关系等详细信息，因此，Java 3D 自带的碰撞检测功能无法满足虚拟手操作的要求。本系统采用 V-Collide 作为碰撞检测包，在碰撞响应模块中用视觉反馈代替触觉反馈，弥补了 5DT Data Glove 5W 数据手套不具备力反馈功能的不足。

2.2 VRML

VRML 是 HTML 的 3D 模拟，与多媒体通信、Internet、虚拟现实等领域密切相关，其基本目标是建立 Internet 上的交互式三维多媒体。VRML 使用 ASCII 文本信息描述三维场景，通过 Internet 传输，在本地机上由 VRML 的浏览器解释生成三维场景。VRML 文件的解释、执行和呈现通过 VRML 浏览器实现，这与利用浏览器显示 HTML 文件的机制完全相同。文本描述的信息在网络上的传输比图形文件迅速，把复杂的处理任务交给本地机完成，从而减轻了网络的负荷。由于浏览器是本地平台提供的，从而实现了平台无关性。最新的 VRML 标准是 VRML97。

2.2.1 VRML 文件组成

VRML 文件的扩展名为.wrl 或.wrz。它主要包括四个部分：文件头、原型、场景（造型和脚本）和路由。并不是所有的文件都必须包含这些要素，唯一必须包含的是 VRML 文件头，即文件的第一行：#VRML V2.0 utf8。VRML 文件还可以包括下列内容：

① 注释；

② 节点域和域值；

③ 定义的节点名；

④ 使用的节点名等。

VRML 用树状的场景图描述三维世界。场景图不仅使得对三维世界的描述变得清晰，而且通过封装属性和建立场景图的内部消隐通道，可以很方便地实现虚拟模型之间的交互作用和动画等功能。场景图的基本元素为节点，单个节点描述造型、颜色、光照、视点以及造型、动画定时器、传感器、内插器的方位等。按类型来分，VRML 中的节点主要有以下几类：

① 造型尺寸、外观节点：Shape、Appearance、Material

② 原始几何造型节点：Box、Cone、Cylinder、Sphere

③ 造型编组节点：Group、Switch、Billboard

④ 文本造型节点：Text、FrontStyle

⑤ 造型定位、旋转、缩放节点：Transform

⑥ 插补器节点：TimeSensor、PositionInterpolater、OrientationInterpolater、ColorInterpolator、ScalarInterpolator、CoordinateInterpolator

⑦ 传感器节点：TouchSensor、CylinderSensor、PlaneSensor、SphereSensor、VisibilitySensor、ProximitySensor、Collision

⑧ 点、线、面集节点：PointSet、IndexedLineSet、IndexedFaceSet、Coordinate

⑨ 海拔节点：ElevationGrid

⑩ 挤出节点：Extrusion

⑪ 颜色、纹理、明暗节点：Color、ImageTexture、PixelTexture、MovieTexture、Normal

⑫ 控制光源的节点：PointLight、DirectionalLight、SpotLight

⑬ 背景节点：Background

⑭ 声音节点：AudioClip、MovieTexture、Sound

⑮ 细节层次节点：LOD

⑯ 雾节点：Fog

⑰ 空间信息节点：WorldInfo

⑱ 锚点节点：Anchor

⑲ 脚本节点：Script

⑳ 控制视点的节点：Viewpoint、NavigationInfo

㉑ 用于创建新节点类型的节点：PROTO、EXTERNPROTO、IS

2.2.2 动画效果及交互性的实现

在 VRML 中，借助传感器节点和插补器节点，可以实现各种人机交互。通过变动坐标系的位置、方向和形体比例，可以使物体按设计的方式飞行、平移、旋转或按比例缩放，从而产生 VRML 动画。VRML 通过一个给定的时间传感器和一系列插补器节点来控制场景中的各种动画效果。时间传感器给出一个控制动画效果的时钟，这个时钟包含了动画效果的开始时间、停止时间、时间间隔和是否循环等动画控制参数。通过这个时钟的输出，在虚拟环境中驱动各种插补器节点产生各种相应的动画效果。而插补器节点则给出各种动画效果的关键点和关键值，VRML 浏览器将自动地根据这些关键点，通过线性插值完成整个动画过程。

交互性是虚拟现实系统区别于传统 CAD 系统和动画的重要特征。利用 VRML 本身的各种传感器节点可以创建交互行为。要实现交互行为，需要给对象附带一个传感器。该传感器使用一个定点设备，如鼠标，来感知观察者的动作，如移动、点击和拖动等。当观察者点击到一个附带有传感器的造型时，传感器就输出一个事件，这个事件按照设计者的意图被路由（Route）到其他的节点，触发其他对象的运动或者动画的播放。

对于更为复杂的交互操作，使用 VRML 本身所提供的传感器是远远不够的，需要通过 VRML 与 Java 之间的交互控制和信息传递，利用 Script 和 Proto 节点等对其进行交互功能上的扩展。更复杂的交互操作则需要借助 Java 与 VRML 的外部编程接口界面（EAI）技术来实现。EAI 定义了一系列可由外部环境访问的 VRML 浏览器函数（Java 类），允许外部环境利用 VRML 的事件机制访问三维场景中指定的节点。通过 EAI 的合理设计，用户能够借助普通的二维鼠标和键盘对三维场景进行动态实时操纵，从而在外部直接操作、控制和修改 VRML 世界内部的三维场景。

2.2.3 三维建模

在 VRML 中主要有两种方法进行场景建模。对于简单的三维模型，可直接利用 VRML 内部定义的基本几何节点创建。这样得到的 VRML 文件的体积非常紧凑，常常在几十 KB 左右。VRML 还可以将用户自定义的节点封装、存储在指定的库中，如 Externproto 和 InLine 等。对于复杂的工业产品模型，仅靠 VRML 本身的建模能力是远远不够的，其基本几何节点很难或者不可能建立复杂的、具有较强真实感的三维模型。这时需要利用各种三维建模软件，如 Pro/Engineer、UGII、SolidEdge、SolidWorks、AutoCAD、CATIA 或 3DSMax、Maya 等，创建产品模型，然后导出为 VRML 格式。值得强调的是，这种从 CAD 到 VR 的过程是不可逆的，而且导出的 VRML 文件的体积往往较大。为适应网络传输和实时渲染的要求，必须对导出的 VRML 文件进行必要的优化处理。除此之外，VRML 提供了两个用于动态地向三维场景增加新物体的方法：一个是用于增加简单物体的 createVrmlFromString 方法，另一个是用于增加复杂物体的 createVrmlFromURL 方法。

2.2.4 应用举例——基于 VRML 的电话机外形的虚拟展示

本虚拟系统采用 VRML 建立电话机的三维虚拟环境，通过分离和复位两个状态对电话机进行三维展示（见图 2.2 和 2.3），利用 Anchor 节点实现了分离状态和复位状态的跳转。每个状态都设置了 7 个视点，通过按钮可以方便地从不同角度观察电话机外形，形象逼真地进行产品外观展示。为方便进行人机交互操作，听筒、话机、屏幕、按钮、底座等分别建模，在 VRML 主程序中利用 DEF 节点分别进行定义和引用。设计流程如下：

（1）三维建模。

利用 Pro/E 软件对无绳电话的听筒和话机进行分别建模，将 3D 模型输出为.wrl 格式。

（2）虚拟场景建立。

将第（1）步中所得到的.wrl 文件导入 VRMLPad 进行编辑，分别定义听筒、话机、按键、底座的颜色，合理设置 VR 背景，进行适当的渲染。

（3）交互性的实现。

借助传感器节点、Switch 节点和插补器节点，进行分离和复位两个状态之间的切换，实现三维场景和 HTML 主页之间的跳转，通过对 Script 节点的编程实现人机交互。

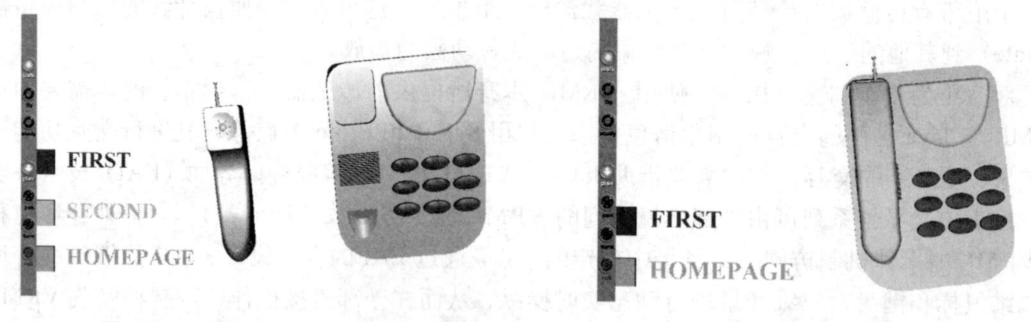

图 2.2　分离状态的虚拟场景

图 2.3　复位状态的虚拟场景

2.3　OpenGL

OpenGL 是美国 SGI 公司开发的功能强大的图形软件应用程序接口（API），是目前应用最为广泛的图形标准。有许多以 OpenGL 为基础开发的产品，比如 Open Inventor、World Tool Kit、MultiGen 系列软件。它们对 OpenGL 进行了封装，简化了开发代码的工作量，提高了绘图效率。但这种高级别的抽象，使这些软件丧失了对 OpenGL 特定参数的控制，也就达不到直接使用 OpenGL 开发所能实现的虚拟仿真效果。

通常情况下,有硬件支持的3D图形的显示性能要远远优于单纯依靠软件实现的3D图形,硬件实现常常被称为加速实现。OpenGL 的硬件实现大多采用图形卡驱动程序的形式，部分 OpenGL 函数借助驱动程序的软件来实现，而其他功能和函数则直接由硬件完成，保证了三维图形的质量。OpenGL 直接支持虚拟现实的立体图形，即使用立体缓存（StereoBuffering）。在立体缓冲模式下，立体缓冲提供两个附加的颜色缓冲区来生成左右眼屏幕图像。通过正确选择每只眼睛的观察位置就可以生成真实的三维图像，便于进行基于立体显示技术的虚拟设计系统开发。需要指出的是，对于多数图形卡而言，立体缓冲都是不能使用的，因此，基于 OpenGL 的立体显示虚拟系统需要专用的图形显卡。

2.3.1　OpenGL 运行环境的配置

首先安装 VC++6.0，其次配置 OpenGL 环境，其安装步骤如下：

（1）将 5 个.h 头文件（gl.h、glaux.h、glu.h、glut.h 和 wglext.h）拷入 VC 中的 VC98/Include/GL 中。

（2）将 7 个静态链接库.lib 文件（glaux、glu、glu32、glut、glut32、opengl 和 OPENGL32）拷入 VC 中的 VC98/Lib 中。

（3）将 4 个动态链接库.dll 文件（glu32.dll、glut32.dll、glut.dll 和 opengl.dll）拷入 Windows/Sysytem32 中。

（4）在 Visual C++中单击 Project，再单击 Settings，找到 Link 并单击，在 Object/library modules 的最前面加上 opengl32.lib、Glut32.lib、Glaux.lib、glu32.lib。

（5）在程序中添加相应的头文件。头文件中应包含 gl.h 和 glu.h，其中，gl.h 是 GL 库的头文件；而 glu.h 是 GLU 使用库中的头文件，因为几乎所有的 OpenGL 都使用 GLU 库。此外，在 Windows 版本中还要求包含 windows.h 头文件，因为在这个版本中使用的宏定义均在 windows.h 中。由于使用 GLUT 库来管理窗口任务和输入事件，因此，还应该包括头文件 glut.h。如:

```
#include <windows.h>
#include <GL/glu.h>
#include <GL/gl.h>
#include <GL/glut.h>
#include <GL/glaux.h>
…
```

2.3.2 应用举例——基于 OpenGL 的减速器的虚拟立体显示

目前国内许多高等工科院校机械类各学科的“机械设计课程设计”的内容是以齿轮减速器作为主要设计对象。对于缺乏实践经验的学生来说，齿轮减速器的结构设计特别是减速器箱体的设计是难点之一。有限的实验室设备条件限制了每个学生进入实验室动手进行齿轮减速器的装拆实验。为达到身临其境的效果，使学生通过齿轮减速器虚拟仿真系统获得现场的真实感，我们开发了基于 OpenGL 的虚拟立体显示系统。

在本虚拟系统中，所有的零部件模型均由 Pro/E 创建并保存为 VRML 格式。将 VRML 文件转成 OpenGL 代码，其中大部分代码都是数组，分别表示纹理、法线、顶点坐标数据。对代码进行必要的修改，使它能在 OpenGL 中运行。通过建立 MFC 平台下基于 OpenGL 的主动与被动式立体显示系统，构建了沉浸式的立体视觉环境，实现了在虚拟环境中对减速器模型的旋转、缩放、平移和装配等三维操作。图 2.4 和图 2.5 所示分别为减速器上箱盖和下箱体的立体显示虚拟场景。同学们佩戴价格低廉的偏振立体眼镜，通过被动式立体显示系统就可以观察到具有真实感的减速器零部件的三维立体图像，沉浸感较强，适合于大规模群体观察。

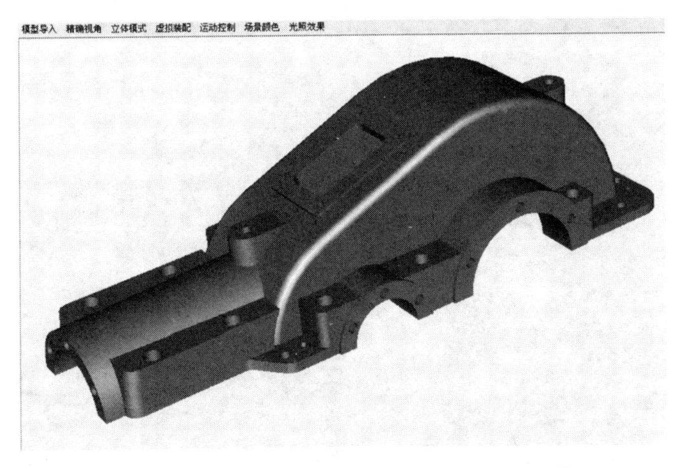

图 2.4 减速器上箱盖的立体显示虚拟场景

图 2.5 减速器下箱体的立体显示虚拟场景

3　多通道人机交互与基于数据手套的手势识别

交互性是虚拟现实的重要特征之一。过去常用的人机交互是基于 WIMP 模式的，即在桌面系统上，通过鼠标点击图标系统，实现人机交互。这种交互模式将用户的交互活动限制在桌面上，与人类在生活中的自然交互有很大的差距。虚拟现实技术的发展，丰富了人机交互的模式。虚拟现实系统的多感知性，可以从视觉、听觉、触觉及位置跟踪等方面实现人与虚拟现实系统的交互，虚拟现实硬件设备提供了这些交互的接口，将人机交互拓展到了更广阔的空间。

3.1　虚拟现实的操纵模式与人机交互方式

人机交互技术的发展趋势是追求“人机和谐”的多维信息空间和“基于自然交互方式的”的人机交互风格。在虚拟现实系统中，常见的几种操作模式是：

（1）直接用户控制：模仿现实世界中交互的界面手势。大多数直接由用户控制交互，如用手势完成选择。

（2）物理控制器：用户可以在物理上接触到的设备。通常用到的物理控制器包括按钮、有多个挡位的开关、滑块、操纵杆、跟踪球等二自由度控制器和 SpaceBall（立体鼠标）之类的六自由度控制器。

（3）虚拟控制器：用户可以虚拟接触的设备。许多虚拟控制器都是由计算机程序生成的类似于物理实体的表现，如按钮、定值设备、跟踪球和方向盘等。用户通过直接输入、物理输入或 agent 输入来激活虚拟控制器。

（4）agent 控制：给虚拟世界中的一个实体的命令。agent 可以是人或者计算机控制的实体。agent 控制允许用户通过中介指定命令，即用户直接与智能 agent 通信，由智能 agent 执行请求的动作。

人与计算机的交互方式可以通过语言、眼神、脸部表情、手动、手势、头动、肢体姿势、触觉、嗅觉或味觉等来表现，在单个交互方式不足以表达用户的意图时，还可辅以其他的交互手段。下面简要介绍虚拟现实技术中的几种人机交互方式。

3.1.1　手势交互

传统用户界面只利用了手势中极少的信息。当用户使用二维鼠标时，计算机仅获得了两个自由度的移动信息和个别手指的点击，将人的手和眼局限在狭小的平板桌面上。无论是从硬件配置还是从软件体系结构角度，手势交互都是虚拟现实技术研究的热点之一，其途径是通过手势输入与计算机交互。手势交互需要使用数据手套（Data Glove）等虚拟现实硬件设备，通过数据手套内的传感器采集手势特征数据，与训练数据进行特征匹配，从而实现手势识别。数据手套是虚拟现实技术中广泛使用的人机交互设备。基于数据手套的手势输入，输入数据量小、识别速度高，能直接获得手在空间的三维信息和手指的运动信息，实时地识别较多的手势。以人手直接作为计算机的输入设备，人机间的通信不再需要中间媒介进行转换，用户通过手势定义即可完成预定的任务。在手势的输入设备中，如果需要进行更为自然的手抓取操作，则将使用到跟踪设备。跟踪传感器可以是基于机构、超声波或者是光学的硬件系统，主要用来跟踪用户手的位置和方向。

手势（gesture）和姿势（posture）是不同的。手势只能由手产生；而姿势则既可由手产生，也可由整个身体产生。利用计算机识别和解释手势输入是将手势应用于人机交互的关键前提。目前识别手势的主要手段有：

（1）基于鼠标器和笔：适合于一般桌面系统，但只能识别手的整体运动而不能识别手指的动作。这类技术可用于文字校对等应用。

（2）基于数据手套：可以测定手指的姿势和手势，应用较广。

（3）基于计算机视觉：在不干扰用户的情况下利用摄像机输入手势。与基于数据手套的较为成熟的手势识别相比，目前计算机视觉技术还难以胜任手势识别和理解的任务。

目前较为实用的手势识别是基于数据手套。数据手套不仅可以输入包括三维空间运动在内的较为全面的手势信息，而且在技术上比基于计算机视觉的手势识别要容易实现得多。在虚拟装配系统中，一种手势交互是利用数据手套，通过系统对手势的识别来实现零件的运动，定义零件的约束，最终实现虚拟装配；另一种手势交互是利用虚拟手模型直接对零件进行抓取、拖动及释放，以更自然的方式实现交互，是对传统手势的拓展。如果数据手套具有触觉反馈或者力反馈的功能，手势交互则能更逼真地实现零件的装配。

3.1.2 语音交互

语音交互是人机交互方式中最直接、最自然的方式之一。在虚拟现实系统中输入输出语音，要求虚拟环境能“听懂”人的语言，并能与人实时交互。语音交互包括语音识别和语音合成两个方面。在虚拟装配系统里，语音识别一方面可以提供语音命令来控制模型在虚拟场景中的定位和 3D 操作，另一方面也可以进行模型的设计与修改。语音合成可以为虚拟装配系统提供模型的反馈信息。语音交互提供了虚拟环境下一种便捷的输入方式，从而解放了用户的双手，使双手可以操作其他的交互输入设备。

目前，与语音相关的研究是人机交互技术的重要课题，要实现理想的人机交互就离不开对语音识别、自然语言处理等相关问题的研究。语音交互包括语音命令和声音反馈两个方面，它们均可以应用于虚拟装配。在装配设计阶段，可以应用语音命令进行模型的设计与修改。尽管通过声音进行造型只能完成简单的任务，但这种系统具备了 VR-CAD 体系结构的初步特征。同时，通过语音命令可以进行初步的定位和 3D 操作，以便进行零件的装配。在装配过程中，虚拟场景中事件的触发结果可用声音的形式表达，如零件间的碰撞，而声音反馈有助于增强用户的沉浸感。

3.1.3 用户跟踪及识别

在虚拟环境中，每个物体相对于系统的坐标系都有一个位置与姿态，用户也是如此。用户看到的景象是由用户的位置和头（眼）的方向确定的。利用头部跟踪改变图像的视角，用户的视觉系统和运动感知系统之间就可以联系起来，感觉更逼真。另外，用户不仅可以通过双目立体视觉认识环境，而且可以通过头部的运动观察环境。

目前一些用户跟踪的研究主要集中在视线跟踪和人脸跟踪上。视线跟踪是根据人眼的特点设计的，如果用户盯着感兴趣的目标，计算机便“自动”将光标置于其上，这样可以省去不少交互的操作。在虚拟装配系统中，计算机视觉系统可以实现虚拟装配的位置跟踪，也可以识别装配操作者的手势。人脸跟踪及表情识别的目的是要让计算机能够像人那样“察言观色”，类似于手势识别技术，主要包括人脸跟踪、面部表情的编码和面部表情的识别等。

3.1.4 其他交互方式

除了上述几种交互方式外，还可以通过触觉和力觉反馈设备、三维输入设备等进行人机交互。如 3DConnection 公司生产的 SpaceBall 5000 就是一款六自由度的三维输入设备，本书第 4 章将介绍其基本原理及应用。

虚拟现实技术的交互能力依赖于立体显示和传感技术的发展，现有的虚拟现实硬件设备还远远不能满足实际需要。例如，头盔式三维立体显示器有以下的缺点：重量大（1.5～2 kg）、分辨率低（LCD，图像质量差）、延迟大（刷新频率慢）、行动不便（有线）、跟踪精度低、视场不够宽、眼睛容易疲劳等，因此，有必要开发新的三维显示技术。同样，数据手套、数据衣等都有延迟大、分辨率低、作用范围小、使用不便等缺点。可见，虚拟现实的硬件设备的跟踪精度、跟踪范围和响应速度等技术指标都有待提高。

3.2 数据手套

数据手套是手套式的人手跟踪器，是手势输入的人机接口，通过其内部的光纤传感器，测量手指的弯曲和手腕的弯曲、旋转，反映用户手的动作。也有一些数据手套本身就带有位置跟踪装置，可以同时测量出手的空间位置，把人手指的运动变化和手的位置变化反馈给计算机。数据手套不仅可以把人手的姿态准确实时地传递给虚拟环境，而且能够把与虚拟物体的接触信息反馈给操作者，使操作者以更加直接、自然、有效的方式与虚拟世界进行交互，大大增强了互动性和沉浸感，并为操作者提供了一种通用、直接的人机交互方式，其主要应用领域包括虚拟现实系统、遥操作机器人系统、三维游戏娱乐系统、虚拟外科手术、虚拟设计、仿真训练、虚拟装配、计算机手语识别系统等。

数据手套由很轻的弹性材料构成，紧贴在手上。整个系统包括位置传感器、方向传感器和沿每个手指背部安装的一组有保护套的光纤导线，通过设置在手套手指上的传感器测量手指运动，从而实现手势输入。数据手套上安装了由柔性电路板、力敏元件、弹性封装材料所组成的弯曲传感器，通过导线连接至信号处理电路，计算机根据光电信号数据算出手指和关节弯曲的程度。

数据手套的种类很多，性能差别也很大。比较简单的数据手套只有几个传感器，能测量手指的曲率、手的转动和摆动。而复杂的数据手套有 20 多个传感器，能测量手的不同姿势，有的还具有力反馈和触觉反馈的功能。有些数据手套本身不提供与空间位置相关的信息，必须与位置跟踪设备配合使用。数据手套的成本也有很大的差异。低档数据手套在三维计算机游戏和娱乐系统中具有很大的市场，高档数据手套则主要应用于虚拟现实系统、遥操作机器人系统和计算机手语识别系统等，应根据使用场合的不同，选择不同的手套。比较著名的数据手套产品有 Fakespace 公司的 Pince Glove、Fifth Dimension Technology 公司的 5DT Data Glove 5W 和 Immersion 公司的 CyberGlove 等。

本章第 3 节的“应用举例——利用手势识别进行夹具的虚拟装配”是采用 5DT Data Glove 5W 数据手套进行人机交互的。该手套是黑色有弹性的双层纺织品，夹层中是用光学纤维制造的皮线传感器，通过标准的 RS-232 串行口或 USB 接口与计算机相连，具有命令、报告数据、连续数据、模拟鼠标等工作方式。在 5DT Data Glove 5W 系列产品中，配置最简单的 5DT Data Glove 5W 有七个自由度。它的每个手指都配有一个传感器，另外还有一个倾斜传感器用于测量手腕的方向，但没有位置传感器，不能从数据手套的输入数据中得到手在三维空间的位置信息，需要借助位置跟踪器来获取人手在空间的位置变化。手套上的磁性位置/方向传感器，主要任务是测量手的绝对位置（x，y，z）和 3 个转角方向（转动、俯仰、摇摆），使计算机能够跟踪手所做出的任何动作。测量出的数据经过分析处理，然后传给计算机。5DT 公司的 Data Glove 16W 型数据手套具有 14 个传感器，可以记录手指的弯曲（每根手指 2 个传感器），区分每根手指的外围轮廓。图 3.1 所示为 5DT Data Glove 5W 的外形图，图 3.2 所示为其组成和传感器分布。由于用户的个体差异，在用户使用手套前，需要对数据手套进行标定，标定时用户需要多次弯曲手指，最终得到所需的动态范围。

图 3.1　5DT Data Glove 5W

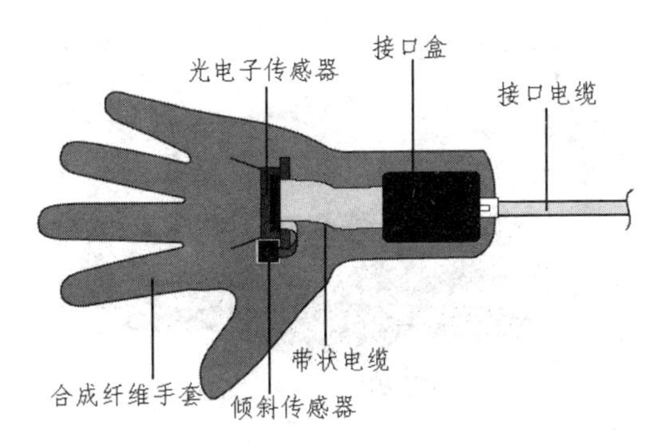

图 3.2　5DT Data Glove 5W 的组成和传感器分布

CyberGlove 是一种更复杂更昂贵的数据手套，使用线性弯曲传感器，是 Immersion 公司开发的一种高精度关节传感器设备，能提供准确而连续的输出，可以选配振动传感器和力反馈设备，属于高端的手套，广泛用于创建、终止、定位三维物体。CyberGlove 具有 18～22 个传感器，每个手指有 3 个弯曲传感器和 1 个外展肌传感器。拇指与小手指有 1 个传感器相连，手腕处有 1 个传感器。为了透气和方便用户动作，CyberGlove 去掉了手掌区域和指尖部分，使得手套很轻，易于穿戴。具有良好的编程支持，有些型号如 CyberTouch 具有触觉反馈。为了弥补用户手形大小差异所产生的误差，需要对 CyberGlove 手套进行校正。图 3.3 所示为 CyberGlove 的外形图。

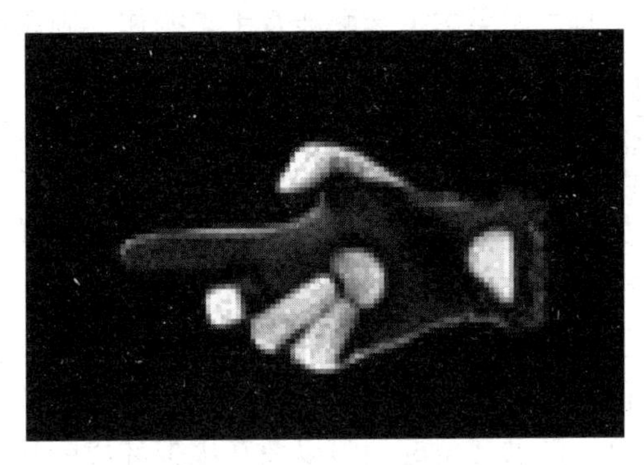

图 3.3　CyberGlove 外形图

高端数据手套具有触觉反馈功能。在 CyberGlove 的改进型 CyberTouch 数据手套上，具有 6 个激振式传感器。用户手部的动作可以通过 RS-232 串口发送给计算机，而虚拟环境中的虚拟手与其他对象作用时，计算机也会发出信号反馈给数据手套中的激振器的输入装置，信号通过放大后作用于驱动单元，使激振器作用于用户的皮肤产生触觉。这是一个闭环的触觉反馈控制过程，为用户提供了触觉方面的感知。

图 3.4 所示的 CAS-Glove 型数据手套是中科院自动化研究所在国家“863”高技术计划支持下研制开发的一种高性能、低成本数据手套。它采用柔性材料制作，具有佩戴舒适、对手指运动限制小、重量轻等特点。该手套安装有 18～22 个自行研制开发的柔性角度传感器，分别完成手指关节弯曲角度、手指间开合程度及手腕动作的测量。当用户带上数据手套时，计算机通过 A/D 采样板和信号调理电路对各个传感器进行采样，将用户手的姿态和动作信息传递给计算机，达到人机交互的目的。

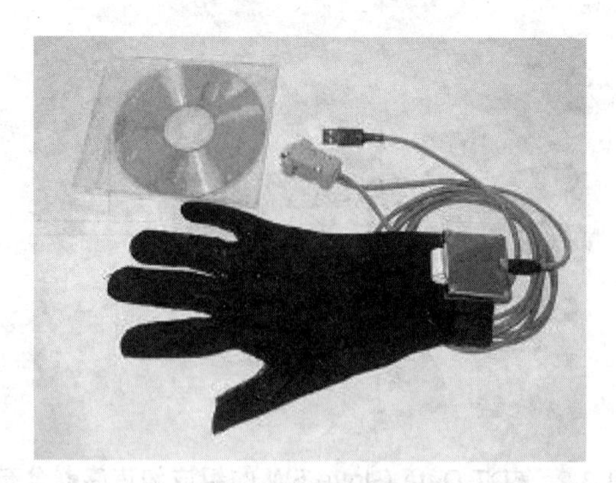

图 3.4　国产 CAS-Glove 数据手套

3.3　设计举例——利用手势识别进行夹具的虚拟装配

在虚拟装配系统中，人机交互是根据装配设计和装配操作的需要而确定的。如果虚拟装配系统仅需要视觉上的仿真，那么仅在视觉上提供沉浸感就能够满足要求，只要有视觉显示设备，如 HMD、立体眼镜或立体显示器即可；如果系统需要通过语音命令控制装配操作过程或操作动作，则需要提供一定的声音设备和听觉接口；如果系统需要利用手势实现装配功能，则手势接口是必不可少的；如果虚拟装配涉及手工操作，则跟踪设备甚至触觉、力觉反馈设备也将成为实现交互的硬件条件。

我们开发的“利用手势识别进行夹具的虚拟装配系统”，借助数据手套建立了基于 Java 3D、运行于 PC 工作站的半沉浸式虚拟装配平台，通过数据手套与虚拟零件进行交互作用，操纵零件的装配过程，进行各种装配实验，检验装配的有效性。系统由零件库（调用装配零件模型）、装配信息管理（含零部件配合约束信息和装配序列信息等）和虚拟场景管理等模块组成，其主要功能包括：利用系统提供的装配约束库描述零部件的装配关系；设置装配路径、规划装配序列；利用多种交互手段对零部件在装配中的位置和方向进行调整；根据需要实现相关零部件的消隐；提供视角的调整以便在虚拟环境中从多个角度观察装配过程；提供缩放等功能从而达到最佳的显示效果；选择多媒体效果，如设置背景音乐及背景图案等；生成装配报告，记录装配轨迹与装配序列等信息。

3.3.1　建立虚拟手的模型

虚拟环境中的虚拟手对应于现实世界中的人手。手由许多关节和手掌部分组成，如果利用 CAD 等建模软件生成每个关节或手掌的模型，由 Java 3D 的第三方导入器（Loader）将 3D 模型导入虚拟场景，因为虚拟手的状态需要实时对数据手套的数据做出响应，对虚拟手建模意味着需要建立手的多种位姿或者将手细分为十几个部分一一建模，这无疑是一项十分繁杂的工作；又因为在该系统中，虚拟手只用于手势的识别，并不作碰撞检测，因此，一个精美的虚拟手模型对本系统并没有多大的益处。本系统中虚拟手模型采用 Java 3D 本身的三维造型功能，即使用球、锥、圆柱等基本几何体和三角形面片组建立虚拟手的指节和关节的模型。

由于手掌的模型相对复杂，因此，利用三维 CAD 软件建模，保存为 VRML 模型后，导入到 Java 3D 环境中。根据人手的解剖结构和运动学模型，建立虚拟手的节点树。在根节点下，包括一个手掌节点（palm）、14 个指节节点和 14 个关节节点。

3.3.2　手势定义与装配约束的建立

在本虚拟装配系统中，用户不仅可以通过键盘和鼠标对装配过程进行控制，还可以借助数据手套利用手势识别来确定目标零件与基准零件的约束关系，解决了传统的键盘、鼠标输入输出不足的问题。系统共定义了 5 种手势：手势 1，五指全部伸展，该手势为默认的手势，不对应任何约束条件；手势 2，食指伸展，其余四指弯曲，对应约束库中的轴线重合约束；手势 3，食指和中指伸展，其余弯曲，对应轴线平行约束；手势 4，拇指和食指弯曲，其他伸展，对应面重合约束；手势 5，五指均弯曲，对应面平行约束。通过数据手套，用户按照指定的手势来选择所需的约束条件，借助鼠标或键盘对零部件进行平移、旋转等，完成产品的装配。

3.3.3　Web 环境下夹具零部件的半沉浸式虚拟装配

本系统利用 5DT Data Glove 5W 型数据手套实现了 Web 环境下夹具零部件的半沉浸式虚拟装配。在导入垫板之初（第一个零件上模座已经导入），没有对它施加约束。然后读取数据手套的数据，并将该数据转换为虚拟手的手势加以显示。如果满足既定的装配约束，将手势 2（一型手势）映射为实际的约束条件（基准轴线重合），使垫板和上模板的中心轴对齐，实现轴孔配合约束，如图 3.5 所示。垫板的运动受到基准轴重合约束限制后，若虚拟手的手势变为 OK 型手势（该手势对应基准面重合约束），系统考察两个零件的几何特征，对相应的基准面实现该约束，最终完成垫板和上模座的装配，如图 3.6 所示。

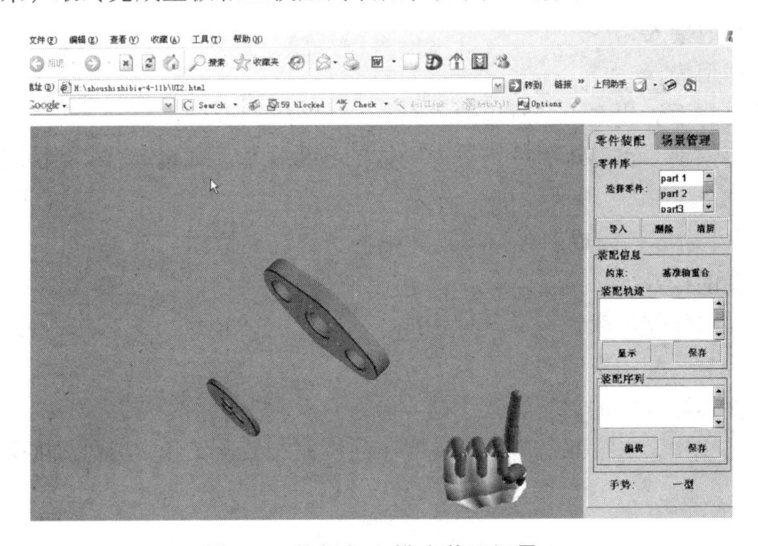

图 3.5　垫板与上模座装配场景 1

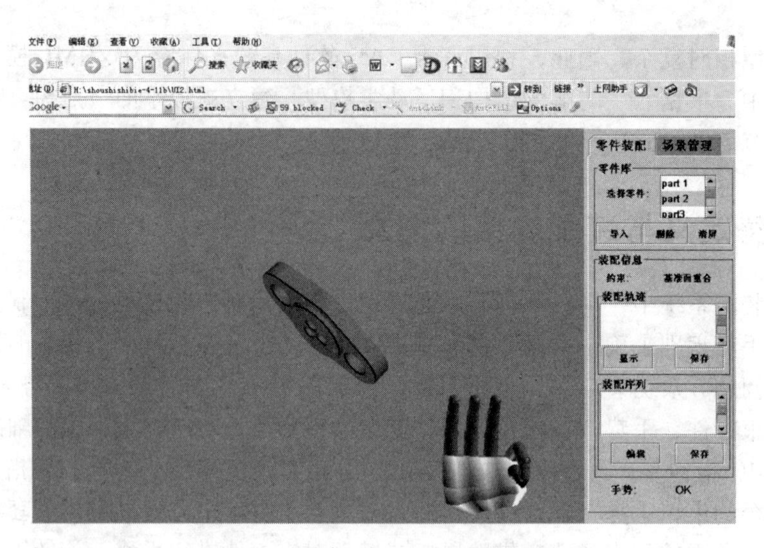

图 3.6　垫板与上模座装配场景 2

3.4　实验项目

1. 以某种型号的数据手套为例（如 5DT Data Glove 5W），说明该手套具有几个传感器，各用于测量手指的哪些运动。

2. 数据手套为何要进行标定？以某种型号的数据手套为例，说明如何进行标定。

3. 设计一个简单的虚拟场景，建立数据手套与场景中三维模型的映射关系。

4. 设计一个简单的虚拟手模型，编程实现数据手套对虚拟手的运动控制，如手指的逐个弯曲、伸展、手掌握拳、张开等。

5. 设计一个简单的虚拟场景，编程实现以下目录：

① 数据手套的接入；

② 定义各种手势；

③ 数据手套与手势建立一一对应的关系；

④ 通过手势识别，实现对虚拟场景中物体的各种操作，如沿 x、y、z 轴的平移、旋转和复位等。

6. 设计由若干个零件组成的虚拟场景，编程实现以下目标：

① 数据手套的接入；

② 根据零件的装配约束，定义各种手势；

③ 建立手势与装配约束的对应关系；

④ 根据零件实际装配的需要，人工建立装配序列规划；

⑤ 通过手势识别，按照事先建立的装配序列规划和装配约束，实现对虚拟场景中各个零件的虚拟装配。

4 基于三维立体鼠标的虚拟设计与装配

利用计算机进行产品设计时，设计人员一般采用鼠标来控制模型或场景的运动。传统的二维鼠标只有两个自由度，需要频繁切换鼠标的按键，不断地移动鼠标，操作不便，效率不高，且容易疲劳。同时由于二维鼠标只有两个自由度，不能满足虚拟设计对人机交互的要求，所以，在虚拟设计中，常常使用三维鼠标，也称立体鼠标。

在虚拟环境中，为了增强系统的真实感和交互性，对虚拟场景中三维模型和视点的六自由度精确控制非常重要。常用的虚拟场景控制方法主要有两种：一种是通过编程响应键盘、二维鼠标等常用输入设备的输入事件，利用计算机图形学的原理实现坐标变换和三维场景的刷新；另一种是基于三维输入设备的虚拟场景控制。其中，基于三维输入设备的虚拟场景控制方法具有良好的控制自然性和直观性。立体鼠标就是一种三维输入设备。与二维鼠标相比，立体鼠标使用方便、灵活，通过操控空间球即可对虚拟场景中的三维模型进行六自由度的精确控制。因此，通过立体鼠标对虚拟环境中的模型对象进行操作，人机交互方式更自然，效率更高。

4.1 Spaceball 5000 立体鼠标

图 4.1 所示为 3Dconnexion 公司生产的 Spaceball 5000 三维鼠标，也称为 3D 空间运动控制器。严格说来它并不是鼠标，因为它不能使指针产生任何变化，但是可以实现 3D 化操作，可以同时平移、缩放和旋转设计模型、场景和 Camera，精准有效，操作非常符合人类的思考方式。

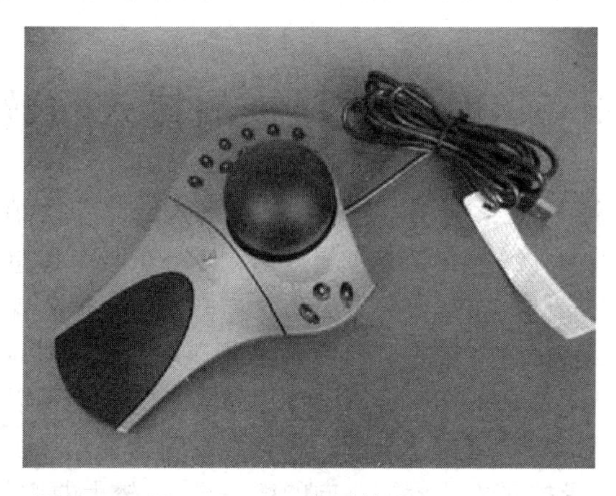

图 4.1　3Dconnexion 公司的 Spaceball 5000

Spaceball 5000 由银灰色工程塑料制成，控制器主要由一个黑色的球体以及 12 个可编程快捷按钮组成。球体使用橡胶材料包裹金属球体制成，类似机械鼠标的轮珠，球的下方是一个柱形支架和弹簧的组合，黑球可以自由地进行小角度的旋转。在黑球的两侧设计有很多快捷按钮，左侧有 1～9 共 9 个按键；右侧有 A、B、C 三个按键，默认情况下直接点 C 键就可以调出产品的设计页面，以更改快捷键的功能。控制器使用黑球来模拟 3D 模型的物理位置，通过球体的移动来计算模型的位移值，从而达到移动模型的目的。通过黑球的前推后拉，可以快速实现目标对象的放大、缩小，图片旋转，滚动条的滚动等操作。面板上的 12 个按钮允许用户自定义，以便与软件中的命令、键盘上的键或组合键建立关联，充当快捷键，进一步方便用户操作。Spaceball 5000 以 9 针 D 型串口与主通道计算机连接，通过对轨迹球和可编程按钮进行编程控制，把虚拟场景中要控制的对象模型的运动状态和立体鼠标的反馈输出量关联起来，当操作立体鼠标时，相关联的受控对象模型就相应地作同步运动。

Spaceball 5000 使用了左手操作的设计，如图 4.2 所示。用户可以用左手操作鼠标而同时用右手操作数据手套，实现虚拟设计中最常用的人机交互操作。当然，也可以采用 Spaceball 5000 和传统鼠标协同操作的工作方式；一只手用运动控制器平移、缩放和旋转 3D 模型、场景或照相机；而另一只手同时用鼠标来选择、检查或编辑，以提高工作效率。

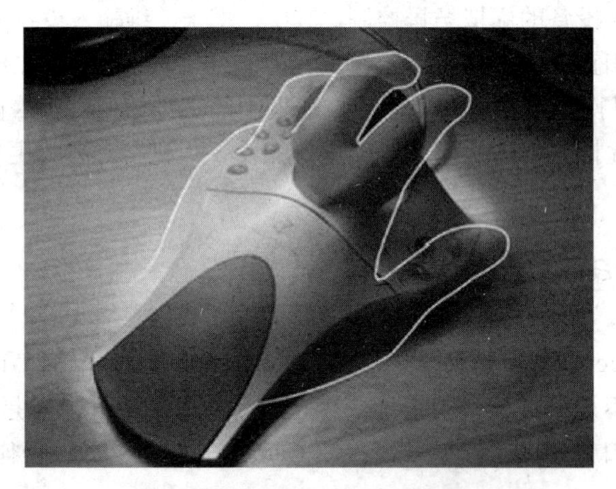

图 4.2　Spaceball 5000 的左手操作的设计

4.2　Spaceball 5000 立体鼠标的接入和数据的读取

SpaceBall 5000 由高精度光学控制器——跟踪球——和 12 个可编程按键组成。跟踪球是允许在相对坐标系统中进行漫游、操纵的一类接口，是一个带有传感器的圆柱体，用于测量用户手施加在相应部件上的三个作用力和三个力矩。力和力矩根据弹簧变形定律间接地被测量。圆柱体的中心是固定的，有 6 个发光二极管。相应地，在可移动的外部圆柱面上放置 6 个光感应器。当用户在移动外壳上施加作用力或扭转力矩时，就可以使用外部的光感应器测量三个作用力和三个力矩，然后通过 RS-232 串行线发送给主计算机。在主计算机中，它们被乘以一个软增益来获得受控对象位置和方向的微小变化。较大的增益会导致用户控制的 VR

对象速度较快，如果主计算机刷新屏幕的速度不够快，虚拟对象的运动看上去就会不平滑。控制 VR 对象的另一种方法是通过作用力控制，跟踪球测量到的作用力被作为控制力施加给模拟环境中的 VR 对象。跟踪球也可用于在仿真环境中飞行，在这种情况下，传感器影响用于观察模拟世界的虚拟相机的速度和方向。

跟踪球受传感器耦合的影响，尽管用户希望平移 VR 对象，而不是旋转，但结果往往是 VR 对象既发生了平移又发生了旋转。这是因为当用户手指在圆柱面上施加力时，感知力矩不为 0。可以通过只读取作用力而不读取力矩的软件过滤方法或者硬件过滤器消除这些不期望的运动。硬件过滤器是一些按钮，允许用户只平移还是只旋转，或者是占主导地位的运动。

在跟踪球左侧有 1~9 共 9 个按钮，右侧有 A、B、C 三个按钮，如图 4.3 所示。这些按钮都是二进制的开/关按钮，可以根据具体的应用编程控制。例如，一个按钮可用于增加 VR 对象的速度，另一个按钮可用于连接或分离跟踪球和它控制着的 VR 对象；还有一些按钮可用于启动或停止仿真过程，或把仿真过程重置到默认的开始位置。默认情况下直接按下 C 按钮就可以弹出 Spaceball 5000 的控制面板。这个界面允许用户将预定义的命令指派到设备的各个按钮，一个按钮执行一个功能。

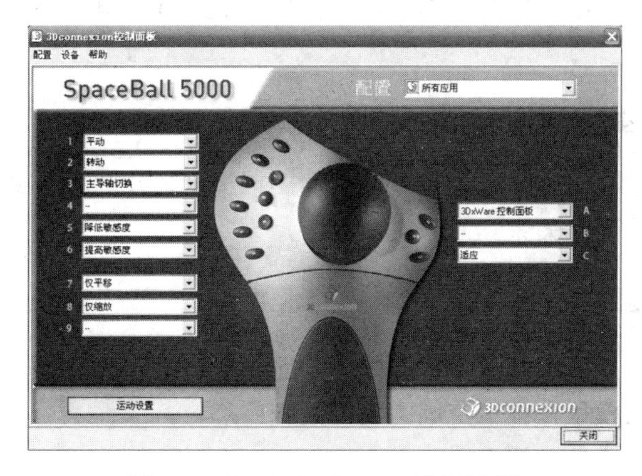

图 4.3 Spaceball 5000 控制面板

通过操作 SpaceBall 5000 的控制球并辅以有效的编程响应，可以自然、直观地控制屏幕上的对象模型。根据要控制的对象的不同，有两种操作模式：三维模型模式和视点模式。在三维模型操作模式中，向左或向右摆动控制球时，三维模型就会同步地水平向左或向右运动；向上提拉或向下按压控制球时，三维模型就会同步地垂直向上或向下运动；向前推或向后拉控制球时，三维模型就会同步地远离或靠近操作者；扭动控制球时三维模型就会绕相应的坐标轴转动。视点操作模式是把对控制球的操作映射为观察者观察方位的变化。

在本书设计的基于 Spaceball 5000 的模型库系统中，立体鼠标的接入由检测硬件、读取数据和响应操作事件三个部分组成。采用三维模型操作模式，通过操作跟踪球控制虚拟场景中模型的六自由度运动，即分别沿 x、y、z 坐标轴平动和沿 x、y、z 坐标轴转动。根据需要可以操作按钮，控制模型的运动。立体鼠标的各个按键通过编程设定，按键的编程响应控制见表 4.1。当然，按键的响应可根据设计者的意愿自行编程设定，不一定要与表 4.1 相同。

表 4.1　按钮编程控制

按　键	模型运动控制	按　键	模型运动控制
1	仅做平移运动	7	沿 y 方向旋转
2	仅做旋转运动	8	沿 z 方向旋转
3	沿 x 方向平移	9	回到初始状态
4	沿 y 方向平移	A	设置平移的灵敏度
5	沿 z 方向平移	B	设置旋转的灵敏度
6	沿 x 方向旋转	C	退出系统

4.3 设计举例——利用立体鼠标和三维模型数据库实现活塞气泵模型的装配仿真

装配仿真系统的主界面由虚拟场景、模型树模块、装配管理模块和场景管理模块组成，主要实现以下功能：

1. 活塞气泵模型的树形显示

活塞气泵模型通过数据库接口设计，在界面中以树形层次化的方式表达，用户可以清晰地浏览模型中零部件的层次关系。

2. 实时交互控制的虚拟环境

在虚拟场景中，用户可以利用 Spaceball 5000 立体鼠标来对模型进行六自由度的旋转、缩放或平移，灵活控制模型在虚拟空间中的位置和姿态。

3. 装配规划

装配规划是虚拟装配的关键问题，主要包括装配序列和装配路径的规划。产品中零件的几何关系、物理结构以及功能特性决定了零件的装配先后顺序。路径规划需要根据装配序列中的当前零件与基体的几何形状以及彼此之间的约束关系，求解可活动空间，确定装配零件的运动方向及运动距离，并检查干涉现象。本系统中活塞气泵模型的装配顺序采用拆卸法来确定，即通过拆卸装配体确定产品的拆卸顺序，以拆卸顺序的逆序作为产品的装配顺序，如图 4.4 所示。系统中活塞气泵模型的装配路径是在程序中预先设定的。

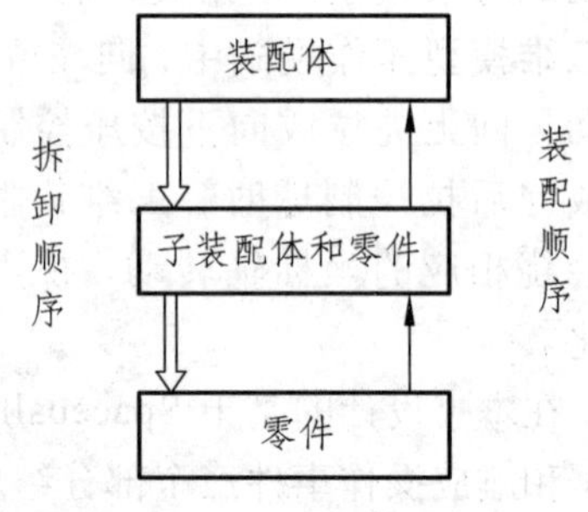

图 4.4　拆卸法示意图

4. 模型的装配/拆卸仿真

在虚拟场景中，用户根据事先设定的装配顺序，通过操控 Spaceball 5000 立体鼠标的六自由度空间球和 12 个可编程按键，对模型进行六自由度的旋转、缩放或平移，控制模型在虚拟场景中的位置和姿态，实现对活塞气泵模型的装配/拆卸仿真。用户可根据个人需求跳过前面部件的装配，直接从后面的某个部件开始装配。

5. 改变模型的外观和场景的背景

在场景管理中，用户可随意改变模型的外观颜色和场景的背景，使得模型和装配环境协调、真实，达到最佳显示效果。

6. 清　屏

用户可清除场景中所有的模型，重新开始装配。

图 4.5 所示为泵上盖组件拆卸场景图，图 4.6 所示为泵头组件的装配场景。

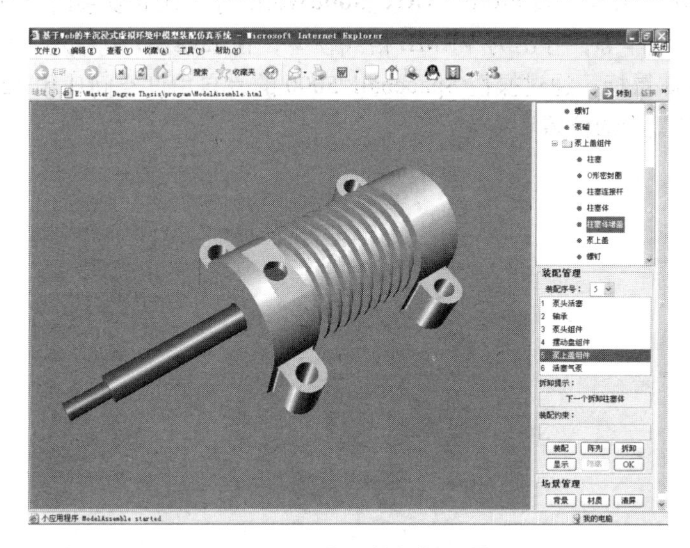

图 4.5　泵上盖组件拆卸场景图

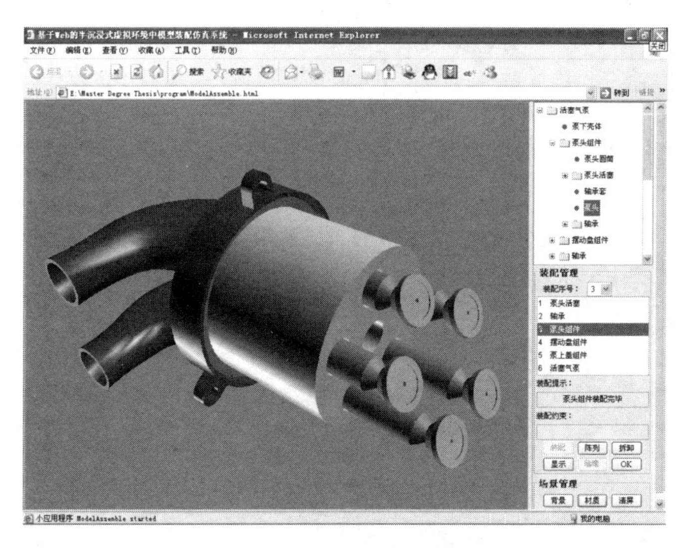

图 4.6　泵头组件装配场景图

4.4 实验项目

1. 利用 Spaceball 5000 安装光盘里的演示程序，尝试使用三维立体鼠标对喷气机、小鸡、魔术拼板等模型进行操作。

2. 通过 Java 3D 编程，设计实现立体鼠标对虚拟环境中的三维立方体的六个自由度的操作。

3. 尝试立体鼠标的各个按键的响应控制。

4. 设计实现：按键 1 仅做旋转运动，按键 2 仅作平移运动。

5. 设计实现：按键 3 沿 x 方向旋转，按键 4 沿 x 方向平移。

6. 设计实现：通过按键 5，使场景中的模型回到初始状态。

7. 借助三维建模工具，如 Pro/E、UG、SolidWork 等，建立复杂的三维模型，如齿轮、减速器、联轴器、汽车等，导出为 VRML 格式模型，在 Java 3D 中导入。在虚拟环境中接入 Spaceball 5000 立体鼠标，通过操控 Spaceball 5000 的六自由度空间球和 12 个可编程按键，控制模型在虚拟场景中的位置和姿态。

5 Web环境下产品的实时交互虚拟定制

随着市场的高度成熟和繁荣，今天的消费者不会再集中在巨大而单一的市场中，他们需要的是能满足个性化需求的细化产品。面对激烈的全球化市场竞争和客户的多样化需求，现代企业需要提供比传统企业更具个性化的客户服务。产品设计所考虑的主要因素之一是满足用户的个性化需求，这一点已经成为共识。许多企业从大批量或者多品种中小批量生产模式转向大批量定制（Mass Customization）模式组织生产，大批量定制正在成为主流生产模式。随着网络技术的迅猛发展，网络化、分布式虚拟产品开发日益普及，基于Web的虚拟产品开发在大规模定制生产实施过程中发挥着日益重要的作用。

美国戴尔（Dell）计算机公司率先将大规模定制引入到个人计算机领域，没有成品库存，只生产定制产品。Dell采取客户化定制模式，在全球范围内向客户提供快捷、经济、个性化、完善的定制服务，最大限度地了解客户的真实需求。20世纪80年代，摩托罗拉开发了一个几乎全自动的制造系统，在销售代表用便携式计算机签下订单的一个半小时之内，工厂就可以制造出2 900万种不同组合的寻呼机中的任何一种。摩托罗拉公司通过大规模定制，在竞争中占据了领先地位。我国海尔公司通过色彩多样化、功能组合化，对冰箱、空调等家电进行客户化定制，实现“你设计我生产”，但目前客户所能选择的范围还很有限。广东省启动了家具企业大规模定制生产项目，为消费者提供全套家具定制服务，满足其对家居的个性化要求，免除消费者对家居的风格配套、色彩谐调的担心。传统的机床行业也开始从大批量生产模式向大批量定制模式转变。例如，2000年，国内某数控机床股份公司生产的1 000多台数控车床，没有两台是完全一样的。目前，这种生产方式已经迅速扩展到了其他不同种类产品的定制生产上，如服装、窗户、热水器、农用机械、眼镜等产品。个性化定制设计和定制生产是制造业未来发展的方向。

5.1 大批量定制的主要分类

大规模定制可以划分为以下四种类型：

（1）设计定制化：开发设计及其下游的活动完全是由客户订单所驱动的。这种定制方式适用于大型机电设备和船舶等产品。

（2）制造定制化：接到客户订单后，在已有的零部件、模块的基础上进行二次设计、制造和装配，最终向客户提供定制产品的生产方式。大部分机械产品属于此类定制方式。

（3）装配定制化：接到客户订单后，通过对现有的标准化的零部件和模块进行组合装配，向客户提供定制产品的生产方式。个人计算机是典型的装配定制化的例子。

（4）自定制化：产品的设计、制造和装配都是固定的，不受客户订单的影响。常见的自定制化产品是计算机应用程序，客户可通过工具条、优选菜单、功能模块对软件进行自定制化。

大批量定制的支撑技术包括客户驱动的设计技术、大成组技术、敏捷制造技术以及信息转换与管理技术等。在产品个性化定制中，一个主要的问题是如何在满足客户个体需求的同时保持规模生产的效益，即在规模生产的低成本和高效率的基础上满足客户的个性化需求。个性化产品的设计与制造是从客户订单开始的，客户参与产品设计开发，协商确定设计方案，随时了解生产进度。因此，迅速准确地产生有效的产品订单具有十分重要的意义。

在大批量定制中，面向大批量定制的设计（Design for Mass Customization，DFMC）是最为关键的环节，合理、有效的协同设计系统在面向用户的产品客户化定制过程中起着十分重要的作用。产品定制设计平台既有利于企业生产的大规模组织，又能体现用户定制产品的个性化需求，是企业成功实施大规模定制生产的关键技术之一。对某些产品如汽车、家具、服装、计算机等，企业与用户的协同设计有利于充分反映用户的个性化需求，便于企业与用户的合作。

5.2 基于 Internet 的三维实时交互定制

产品实时定制需要协同设计系统的帮助。随着制造企业信息化水平的不断提高，利用网络技术实现产品定制成为可能。基于 Web 的产品个性化定制系统就是在这样的背景下应运而生的。

目前，企业与客户间的产品个性化定制的形式主要有三种：个性化定购、模块化产品配置和个性化产品设计。现有的产品个性化定制系统仍然存在着以下缺点：个性化服务大多集中在电子商务阶段，只起到网上商店的作用；客户被动接受产品，没有真正参与产品设计；缺乏充分和全面展示产品特性的手段，如交互式、可视化；客户需要具有一定的设计知识和 CAD 知识，才能表达他们的个性化需求，限制了普通客户进行个性化选择。

在大多数产品远程定制系统中，客户登录生产厂家的网站，浏览有关产品的介绍网页，以表单、对话框等形式与企业进行交流、协商，定制要求以文本形式上传到服务器。企业反馈给客户、要求客户确认的最终结果是二维图形（装配图等）和文字文档，前者不适合不具备专业知识的普通消费者使用；后者不能形象直观地反映客户的真实需求，不适用于日用消费品如家电、家具等的定制。在有些定制系统中，客户将定制需求上传给系统服务器，系统接收这些信息后，由后台的 CAD 系统进行初步建模，做出若干三维效果图后供客户从中进行选择、比较。虽然定制系统中的协同设计模块允许客户对效果图进行旋转、缩放操作，但这种协同定制模式不能实时地产生、改变和观察虚拟的三维模型。相关文献提出了大规模客户化产品协同设计所用的工具集，包括客户需求调查工具、基于特征的零件信息编码和搜索工具、产品配置设计工具、产品变型设计工具和协同设计过程管理工具等。所有上述的工具均通过基于文本和二维图形的 HTML 界面与用户进行交互，存在一定的局限性。

客户参与定制过程，可以有效和定量地在产品概念设计阶段向生产企业提供美学、人机工程学、制造装配等方面的信息。另外，正确理解客户对消费产品外观的真实要求对产品的最终成功具有十分重要的作用。然而，准确反映客户的需求是一项难度较大的工作。很多情况下，客户自己也不能确定自己的真正需求。网页上定制产品的大量基于文字或者图形、图片的功能选择项很容易对客户产生“信息超载”。因此，通过与客户的三维实时的直观交互，逐步确定并获取客户的真实需求，是成功实施产品的规模定制和个性化生产的关键步骤。

基于 Web 的产品三维虚拟实时定制系统，可以克服上述缺点。通过基于虚拟现实技术的三维需求定制平台，人机交互界面能自动或半自动地对客户的定制操作做出反应，帮助客户直接参与产品设计，定制产品的功能、外观等，获得最大的满意度，最终为客户提供满足其个性化需求的产品。

5.3 设计举例——基于Web的汽车外观的三维虚拟交互定制

汽车市场的多元化和细分化，是促使形成大规模定制的社会动力。目前汽车行业电子商务的应用大部分局限于客户在企业所提供的已有车型和颜色中挑选产品，不能根据自身需要来定制产品。另外，市场对汽车的个性化需求旺盛，如赛车手对高档跑车的需求、爱车一族对汽车的特殊要求等。这类产品的特点是：单一、生产周期长、性能要求高，要求汽车符合客户的喜好，达到性能指标，最大限度地满足客户的需求。要想让客户满意，必须缩短设计和生产时间，同时把成本控制在预算范围内，性能和外形合乎客户的喜好。三维虚拟交互定制就是在这样的背景下提出的。客户登录企业的虚拟定制系统，对汽车产品进行外形和性能上的定制，最终企业获得满足客户个性化需求的产品订单。

本书设计的基于 Web 的汽车外观的三维虚拟交互定制系统，可以定制汽车的颜色、车灯、车轮、轮胎，还可以从不同的角度观察车型。通过相关网页使客户对定制的汽车产品有更深刻的了解。实现了汽车喷漆的动画效果，可以看到喷漆动画和听到喷漆声。系统采用 VRML 作为开发平台，其功能模块如图 5.1 所示。

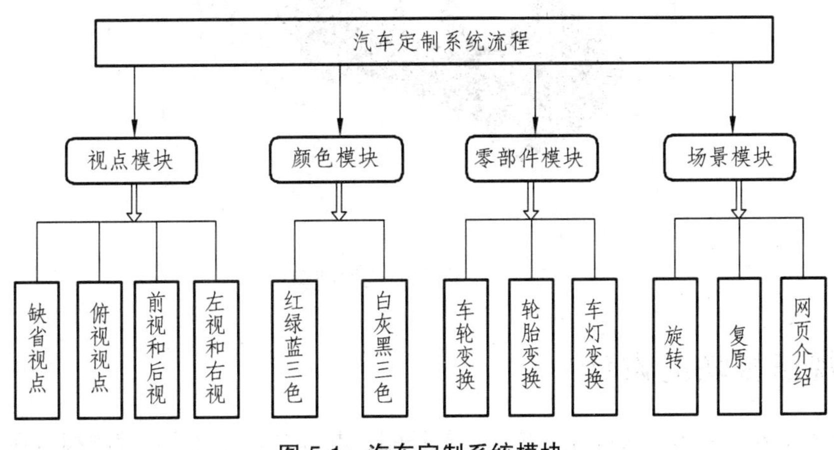

图 5.1 汽车定制系统模块

定制系统的人机交互主界面如图 5.2 所示。界面主体部分显示汽车原始模型，右面有一系列按钮，点击相应的按钮，可以更改汽车上相应的零部件，或旋转汽车模型以便从不同的角度进行观察。汽车定制系统可以让用户从汽车的色彩、零部件等方面进行个性化选择与自由组合，最终获得自己满意的外观方案。

图 5.2　人机交互定制设计三维主界面

5.3.1　汽车模型的构建

汽车的 Pro/E 模型如图 5.3 所示，它由车壳、前车灯、后车灯、挡风玻璃和后窗、门窗、栅格、车轮和轮胎等部分组成。在定制系统中，上述零部件均可从部件库中自主选择不同的类型，从而定制出用户满意的汽车外观。

图 5.3　汽车的三维模型

5.3.2　视点模块的设计

系统设置了 6 个视点，通过 6 个按钮进行控制，点击它们可以从不同的视点观察模型，分别是 Default（缺省）、Front（前视）、Left（左视）、Top（俯视）、Back（后视）和 Right（右视）。

5.3.3 颜色模块的设计

根据汽车流行的外观颜色，定制系统设置了 6 种不同的颜色，分别是 Red、Green、Blue、White、Grey、Black，通过 6 个按钮进行控制。用户点击按钮，可以更改汽车的外观颜色，从而选择自己喜欢的色彩。点击这 6 个按钮时，会同时出现喷漆动画和喷漆声，增加了用户使用本系统的兴趣。

5.3.4 零部件模块的设计

定制系统提供给用户 3 种零部件的选择，分别是 Wheel（车轮）、Tire（轮胎）、Light（车灯）。点击 Light 按钮，会出现相应的文字，说明改变的是前灯还是后灯。本模块主要使用了 VRML 的 Switch 节点来更换汽车的零部件。用户可以在多种不同轮毂的车轮、不同花纹的轮胎、不同形状的前灯和后灯等之间进行选择。因此，实现该模块功能最重要的是零部件的组合，如前灯与后灯的组合。

5.3.5 场景模块的设计

场景模块主要用于三维虚拟场景的设置。定制系统设置了 3 个按钮，分别是 Rotate/Stop（旋转）、Reset（复位）和 Homepage（主页）。点击按钮 Rotate/Stop 可以对整个模型进行旋转，点击按钮 Reset 可以使定制系统恢复初始状态，点击按钮 Homepage 可以链接到定制系统的主页，进一步了解定制系统及产品的背景。

5.4 实验项目

1. 举例说明产品三维虚拟定制的应用与特点。

2. 建立齿轮模型库，根据齿轮类型、齿宽、齿数、材料等参数的不同要求，设计实现对齿轮零件的实时定制。画出定制设计系统流程图，用三维截屏图表示交互定制设计主界面。

3. 以某机电产品如电话、家具或鼠标为例，建立三维模型库，设计相关虚拟现实三维环境；利用网页链接，设计实现对产品外观的实时定制。画出定制设计系统流程图，用三维截屏图表示交互定制设计主界面。

4. 在本章的典型应用“基于 Web 的汽车外观的三维虚拟交互定制”中，有哪些零部件还可以进行虚拟实时定制？试编程实现你的设计意图，用三维截屏图表示交互定制设计主界面。

5. 对“基于 Web 的汽车外观的三维虚拟交互定制”进行改进设计，提出其他设计方案。

6 主动式与被动式三维立体显示系统

沉浸感是虚拟现实技术的重要特征之一，而立体显示（3D Stereo）技术是虚拟现实系统实现视觉上沉浸感的基础。由于我们所观察的周围环境是一个立体世界，我们不仅看到物体的高度和宽度，而且知道它们的深度，能判断物体之间或观察者与物体之间的距离。人类的这种三维视觉特性为生产和生活提供了很大的方便。三维立体显示就是通过计算机和相关的硬件设备，模拟人左右两眼的视差从而创造出立体的视觉效果，产生的图形具有深度感、远近感，实现更加形象、逼真的仿真。

人类眼睛的视网膜是平面的，单个的视网膜只能获得对空间的二维知觉。而利用双眼视差和视觉融合，用两只眼睛观察物体时，由于同一物体的图像同时从不同的角度进入左右眼睛，并通过对这两幅图像进行合成，产生距离感和深度感，从而获得物体的三维几何信息。传统图形系统的三维图形是通过透视投影、隐藏面消除以及光线和阴影来达到三维显示视觉效果的，没有景深。因而，传统的视景仿真技术所产生的视景投影是二维的，缺乏深度信息，与基于虚拟现实技术的立体显示的区别，正如普通电影和立体电影之间的区别。近年来，随着软硬件技术的发展，高度逼真的三维虚拟立体显示在科学可视化、军事模拟训练、虚拟设计、虚拟制造、虚拟装配、建筑设计与城市规划、模拟驾驶、训练、演示、教学、培训等领域得到了日益广泛的应用。

6.1 立体显示基本原理

6.1.1 人眼的视觉系统

人用双眼观察的一个重要特性是能获得“立体”感受，即通过视觉观察，可以判别物体的空间位置关系，也称为“生理立体”感受。立体视觉是人眼辨别对象的空间位置，包括远近、前后、高低等相对位置的功能，与二维视觉相比，立体视觉增加了深度维的视觉信息。

立体视觉来自双眼的视差。视差的产生主要是因为人的左右眼之间有一定的距离。由于双眼位置不同，在观察同一物体时，左右眼所获得的图像略有不同，即存在视差。通过对视差的分析、处理，大脑可获得对物体空间位置的判断。人眼瞳孔的距离大约是 53～73 mm，当观测一个目标点的时候，左右眼均在该点聚焦。左右眼图像传送到大脑的神经中枢，大脑对得到信息的细节解释，使人产生距离和深度的感觉。当两幅图像有合适距离的时候，就会有立体的感觉。人眼的立体视觉分为单目立体视觉和双目立体视觉。单目立体视觉是通过物体本身及周围环境产生心理上的视觉深度信息，如物体的相对大小、运动、光与阴影和透视等因素都可不同程度地影响单目立体视觉。而从生理角度上所说的立体视觉为双目立体视觉。

6.1.2 视差与计算机立体显示模型

当左右眼所对应的两幅图像之间没有任何差别时，产生零视差；当两幅图像间的距离小于瞳孔距离并且视线不交叉时，产生负视差；当两幅图像间的距离小于瞳孔距离并且视线交叉时，产生正视差；当两幅图像间的距离大于瞳孔距离时，产生发散视差。视差还可以根据方向分为水平视差和垂直视差。垂直视差是相关点的垂直坐标差，而水平视差则是相关点的水平坐标差。

计算机立体显示是模仿人类利用双目线索感知距离的方法，实现对三维信息的感知。借助人眼视觉系统的原理可以建立计算机的立体显示模型。立体显示技术一方面要利用计算机产生对应于左右眼的两幅图像；另一方面要生成一个观察模型，使虚拟的左右眼位于不同的位置，以产生一定视差。要产生真正的立体视觉效果，首先要利用视差方法形成左、右视图，然后通过合适的观察设备，使左右眼分别观察到这两个不同的视图。其中，视差是投射到观察设备上的图像中任意两点之间的水平距离，是形成三维视图的主要决定因素。它包括三种类型：零视差、正视差、负视差。

（1）零视差。

两眼的两幅图像没有任何差别。在监视器上显示具有零视差的模型对象的图像对时，该模型位于监视器的平面上。

（2）正视差。

当两幅图像的距离小于或等于瞳距，而且我们的视线不交叉时，就会产生正视差。有了正视差，由于大脑能够融合这两幅图像，就产生了三维物体的图像。该图像看上去似乎位于监视器平面的后面。

另一种正视差——发散视差——是视差取值大于两眼的瞳距时产生的。在这种情况下，即使很短的一段时间，也会使眼睛产生极不舒服的感觉，所以，在真实世界中不会存在发散视差的可能，在虚拟现实系统中应避免出现发散视差。

（3）负视差。

当眼睛的视线交叉时，就会产生负视差。被观察的物体看上去就像漂浮在眼睛和显示器之间。

有了零视差、正视差和负视差，就产生了通过监视器观察时物体之间以及物体与观察者之间的距离感，从而带给观察者一个虚拟的三维空间。

立体显示中利用的是水平方向的正视差和负视差。为了在计算机屏幕上显示出立体感图像，可模拟人眼特性，在空间选取相距为目距的两个观察点观察景物。根据人眼的视觉特性，在观察点观察景物时，人们不能看到四周所有的景物，而只能看到前方一定角度范围内的景物，该角度称为视角。左观察点观察到的景物图像称为左场景，右观察点观察到的景物图像称为右场景，左、右场景就构成了景物的立体对图像，然后在计算机屏幕上轮流快速显示左、右场景。只有让左右眼分别看到左右视点生成的图像时，才能观察到视差效果。例如，通过立体液晶眼镜，当左场景显示时挡住右眼，右场景显示时挡住左眼，这样操作者通过立体眼镜就可看到景物的立体图像了。

6.2 立体显示常用的硬件设备

立体显示设备是实现立体视觉的硬件基础。目前常用的立体显示设备有立体眼镜、头盔显示器（Head Mounted Display，HMD）、投影屏幕设备、立体显示器等。下面对这些硬件设备的基本原理进行简要的介绍。

6.2.1 头盔显示器

头盔显示器是提供虚拟现实中三维景物的彩色立体显示器，可为单个用户输出虚拟场景，在 VR 系统中能产生真实的视觉效果。它通常固定在用户的头部，用两个 LCD 或 CRT 显示器分别向两只眼睛显示图像。这两个显示屏中的图像由计算机分别驱动，两幅图像存在细小的差别，类似于“双目视差”。人脑将融合这两幅图像而获得深度感知。

计算机系统产生针对左右眼的两个 RGB 信号，通过双路立体显示 VR 系统直接发送给 HMD 的控制单元，用于立体观察，如图 6.1 所示。控制单元同时接收立体声，发送给 HMD 的内置耳机。HMD 上有位置跟踪器，可以跟踪人的头部运动，并将六个自由度的移动信号输入计算机，计算机再根据头部位置的变化输出相应的图像，组合在人脑中产生三维立体图像。头盔显示器使用的显示技术分为 LCD 和 CRT。基于 LCD 的头盔显示器的分辨率较低，适用于普通消费者；基于 CRT 的头盔则具有较高的分辨率，适用于专业用户。图 6.2 所示为 5DT 公司生产的头盔 5DT Head Mounted Display（HMD）800-26。该 HMD 比较舒适、轻巧，用户可以调节顶部、后方的调节装置以适应自己的头部大小。

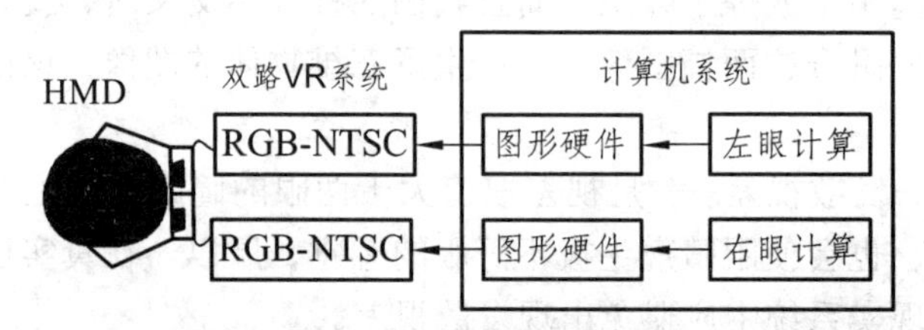

图 6.1 头盔显示器的工作原理

图 6.2 5DT HMD 800-26

HMD 可以将用户与外界相对封闭，切断了视觉与真实世界的联系，有利于沉浸感的产生。但许多用户在使用 HMD 时，会产生眩晕、恶心、头痛等不适症状，不适的程度因人而异。实验表明，佩戴时间超过 30 分钟会明显造成眼睛和颈部的疲劳。另外，HMD 价格昂贵，尤其是高分辨率、视场大的 HMD。HMD 只能供单人使用，不适合大规模演示环境，在一定程度上限制了它的推广应用。

6.2.2 立体眼镜

由于头盔的价格高昂，限制了其在工程中的广泛应用。而价格较为便宜的入门级头盔的立体显示效果又不理想，分辨率较低、视域小，因此，初级 VR 用户不宜采用头盔显示器。在多人环境下，使用 HMD 的成本显然太高，立体眼镜则具有突出的优势。它价格低廉，按工作原理有基于偏振原理、基于波长（如颜色）和基于电子开关等几种。闸门式立体眼镜即基于电子开关原理的立体眼镜，利用液晶光阀高速切换左右眼图像，有有线和无线两种类型。计算机把 RGB 信号发送给监视器，这些信号由两幅交替的、偏移的透视图像组成，与信号同步的红外线控制器操纵液晶光栅轮流地关闭其中的一只眼镜镜片。极其短促的光栅开/关时间（nms）和 110 Hz 以上的监视器刷新频率形成了无闪烁图像。大脑寄存下了一系列左右眼图像并把它们进行融合，从而产生了立体视觉。图 6.3 所示为采用无线立体眼镜观察三维图形时的效果。

图 6.3　使用无线立体眼镜观察三维立体图形

图 6.4 所示为 StereoGraphics CrystalEyes 液晶偏振光眼镜。它是一款工业标准的液晶偏振光眼镜，可提供高清晰的图像，兼容于 Unix 和 Windows 平台，主要应用于 CAVE 系统、演播室和全景场所。据相关资料介绍，CrystalEyes 成像清晰，可视角度范围大，重量轻，显示刷新频率可以达到 120 Hz 以上，耗电量低，便于长时间使用。

图 6.5 所示为 E-D 无线立体眼镜，由 eDimensional 公司生产。它能将 PC 视频游戏转换成真实的 3D，可以更精确地计算观察者的高度和距离。

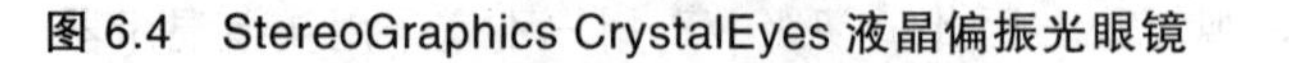

图 6.4　StereoGraphics CrystalEyes 液晶偏振光眼镜　　图 6.5　E-D 无线立体眼镜

6.2.3　自由立体显示器

上述的立体显示和立体观察需要借助 CRT 监视器，通过程序设计，戴上液晶闸门立体眼镜才能实现。而自由立体显示器则不需要任何编程开发，不需要带任何立体眼镜设备，只要有三维模型，就可用肉眼直接观察突出的立体显示效果，实现立体显示。同时，也可以实现视频图像（如立体电影）的立体显示和立体观察，同样无须戴任何立体眼镜。

自由立体显示器是建立在人眼立体视觉上的新一代立体显示设备，不需要借助于任何助视设备（如 3D 眼镜、头盔等）即可获得具有完整深度信息的图像，利用多通道自动立体显示技术提供逼真的 3D 影像。它根据视差障碍原理，利用特定的算法，将图像交互排列，通过特定的视差屏障后由两眼捕捉观察。利用摩尔干涉条纹判别法将光栅阵列精确安装在显示器液晶板平面上，视差屏障通过光栅阵列准确控制每一个像素透过的光线，只让右眼或左眼看到，由于右眼和左眼观看液晶板的角度不同，利用这一角度差遮住光线就可将图像分配给右眼或左眼，经过大脑将这两幅有差别的图像合成为一幅具有空间深度和维度信息的图像，从而不需要立体眼镜等设备即可看到 3D 影像。图 6.6 所示为创图视维科技有限公司（http://www.celvision.com）研制的 BSD-042 型自由立体显示器。

图 6.6　BSD-042 型自由立体显示器

图 6.7 所示为夏普公司生产的 3D 液晶彩色显示器，通过触动专用按钮或者使用 SHARP

3D Technology1 的软件，可以实现 2D 和 3D 显示的相互转换。图 6.8 所示为 4Dvision 公司开发的立体显示器。

图 6.7　Sharp 3D 液晶彩色显示器 LL-151D

图 6.8　4Dvision 公司的立体显示器

6.3　立体显示系统的主要类型

立体显示技术主要分为双色眼镜、主动式立体显示、被动式立体显示、立体显示器直接立体显示等。

6.3.1　双色眼镜立体显示

通过驱动程序对屏幕上显示的图像进行颜色过滤，渲染给左眼的场景被过滤掉红色光，渲染给右眼的场景过滤掉青色光（红色光的补色光，绿光加蓝光）。观看者佩戴一个双色眼镜，这样左眼只能看见左眼的图像，右眼只能看见右眼的图像，物体正确的色彩将由大脑合成。这种立体显示成本最低，但一般只适合于观看无色线框的场景。对于其他的显示场景，由于丢失了颜色的信息可能会造成观看者的不适。

6.3.2 主动式立体显示

驱动程序交替渲染左右眼的图像，例如第一帧为左眼的图像，下一帧就为右眼的图像，再下一帧再渲染左眼的图像，依次交替渲染。观看者使用闸门立体眼镜观看。闸门眼镜通过有线或无线的方式与显卡和显示器同步。当显示器显示左眼图像时，闸门眼镜打开左镜片的快门同时关闭右镜片的快门；当显示器显示右眼图像时，闸门眼镜打开右镜片的快门同时关闭左镜片的快门。看不见的某只眼的图像根据视觉暂存效应保存在大脑里。这种方法降低了图像一半的亮度，并且要求显示器和眼镜快门的刷新频率都达到 110 Hz 以上，否则会造成画面闪烁。

6.3.3 被动式立体显示

被动式立体显示是通过光的偏振实现的。通过使用具有双头输出的显卡，先将图像输出到信号分离器，再连接到两台装有偏振片的投影机输出到大屏幕。驱动程序同时渲染左右眼图像，通过硬件设备实现图像输出的同步。观看者佩戴偏振眼镜，根据偏振原理，左右眼都只能看见各自的图像。

被动式立体投影显示系统又可分为单通道投影显示、多通道柱面投影显示、CAVE 系统、球面投影显示等。单通道显示系统是入门级的虚拟现实三维投影显示系统，由计算机和两台叠加的专业 LCD 或 DLP 投影机组成，产生有立体感的半沉浸式虚拟立体显示环境，成本低、操作简便、使用广泛。多通道柱面投影显示系统是一种沉浸式虚拟仿真显示环境，系统采用环形的投影屏幕作为仿真应用的投射载体，通常又称为环幕投影系统，如图 6.9 所示。由于其屏幕的显示半径巨大，通常用于虚拟战场仿真、数字城市规划、三维地理信息系统等大型仿真环境。

图 6.9 多通道柱面投影显示系统

CAVE 系统是一种基于多通道视景同步技术和立体显示技术的洞穴式投影环境。该系统由围绕观察者的 4 个或 6 个投影面组成，如图 6.10 所示，可供多人观察。4 个投影面组成 1 个立方体结构，其中 3 个墙面采用背投方式，地面采用正投方式。参与者完全沉浸在 1 个被立体投影画面包围的虚拟仿真环境中，借助相应虚拟现实交互设备，如数据手套、力反馈装置、位置跟踪器等，获得沉浸感。由于投影面积能够覆盖用户的所有视野，所以，CAVE 系统能提供具有震撼性的身临其境的沉浸感受。

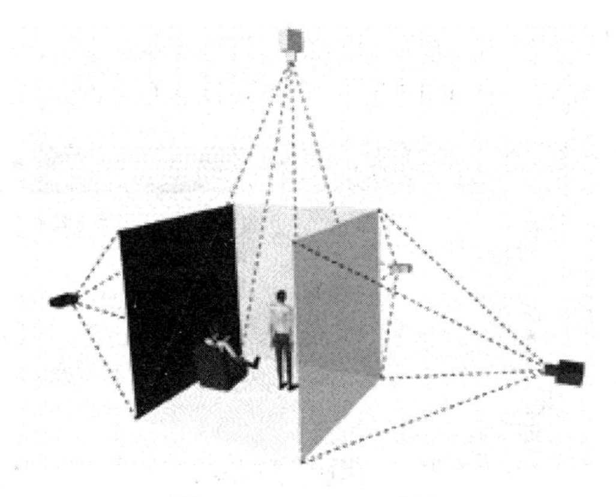

图 6.10　CAVE 系统

球面投影仪是近年来出现的虚拟现实显示设备，其最大的特点是视野宽广，视角可以达到 150° 甚至更高，覆盖了观察者的绝大部分视野，使用者感到仿佛身处飞行器驾驶舱之中，从而产生深刻印象。需要注意的是，在使用球面投影仪时，虚拟现实软件平台必须具备软件鱼眼镜透视校正的能力，否则视野中的物体将会严重变形。图 6.11 所示为北京黎明视景科技有限公司研制开发的球面投影显示系统。

图 6.11　球面投影显示系统

6.4　设计举例——基于 PC 的三种立体显示系统的设计

立体显示技术的重点是准确分离左右眼图像。目前主要有两种分离方法，分别基于硬件与软件。硬件分离依靠分离器，实现立体显示比较容易，但价格昂贵；软件分离不依靠硬件设备，通过程序设计，调整相关参数，在成本低廉的基础上可以取得令人满意的立体显示效果。

立体显示功能是通过具有四重缓冲功能的显卡实现的。四个缓冲分别为左前、右前、左后和右后四个区域，四缓冲显卡可以使左右眼对应的两幅图像分别存储在其中的两个缓冲之中，一般为前两个或后两个中，随着显示的刷新不断交换，输出到显示器。在软件实现立体显示前首先要对显卡进行设置，图 6.12 所示为 NVIDIA Quadro4 980 XGL 显卡设置情况。

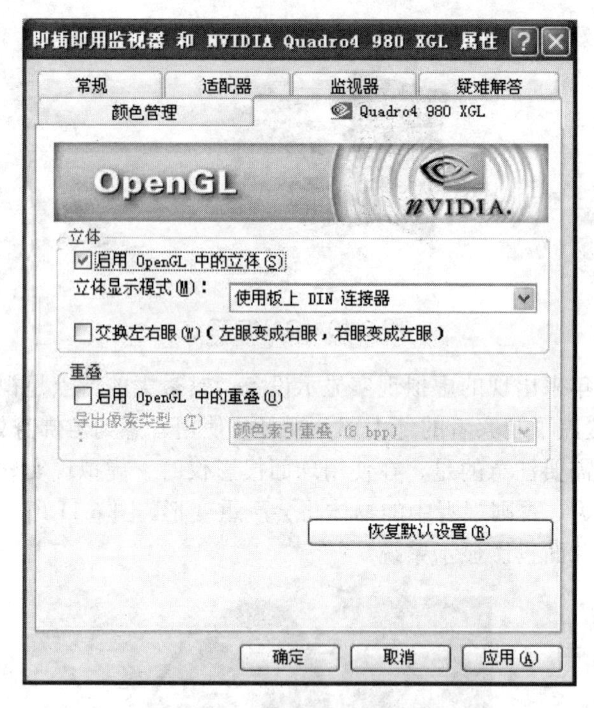

图 6.12　四缓冲显卡设置

6.4.1　基于闸门立体眼镜的桌面主动式立体显示系统

液晶闸门眼镜采用单一显示器，利用控制快门的方法实现立体显示效果。视觉立体成像的 CRT 就是计算机显示屏幕（监视器或投影仪等），而控制快门由液晶闸门眼镜实现。液晶闸门眼镜由两个控制快门、一个同步信号的光电转换器和 3D 驱动器组成。其中，光电转换器将 CRT 显示器左、右画面的频率传递给闸门眼镜，控制眼镜左右快门的开关，实现左眼看左图、右眼看右图，使观察者获得立体感觉。我们设计的桌面主动式立体显示系统由 HP Workstation xw6200 图形工作站、View Sonic 显示器、闸门式立体眼镜组成。其中，工作站采用主频 3.40 GHz 的 Intel Xeon CPU，2 GB 内存、显存 256 MB 的 NVIDIA Quadro FX 3450/4000 SDI 显卡，显示器刷新频率在 110 Hz 以上。将与立体眼镜配套的红外发射器连接到显卡上，利用显卡的四缓冲功能实现左右眼画面的快速交替显示。液晶眼镜接收到发射器的同步信号，左右液晶快门交替开关，开关的频率与显示器上图像的替换频率相同。在 120 Hz 的刷新频率下，能够得到较平稳的图像，几乎感觉不到画面的闪烁。这种立体显示技术成本较低，效果较好，适用于 10 人左右的设计团队使用。

6.4.2　基于头盔（HMD）的桌面主动式立体显示系统

虽然头盔只能供单人使用，高分辨率、视场大的 HMD 价格昂贵，不适合大规模演示环境，但对于沉浸式虚拟现实系统，它是不可或缺的硬件设备。我们设计的基于头盔的桌面主动式立体显示系统选择 5DT HMD 800-26。该头盔内置两个 LCD 显示屏，分别向左右眼传送图像。将 HMD 与显卡连接，并选择 3D 模式，对显卡的分辨率进行设置即可使用。实验表明，佩戴时间超过 30 分钟会明显造成眼睛和颈部的疲劳。

6.4.3 基于投影屏幕的被动式立体显示系统

基于投影屏幕的被动式立体显示将场景中的视点，自动调整为左右眼两个视点，分别生成人的左右眼观看到的三维图像，通过双头输出的显卡，直接输出到两个投影仪中；或通过分配器（Multiplier）让其中一幅图像与显示器中的图像同步，以便用户在显示器中对生成的图像进行控制。在投射左、右眼图像的投影机前分别加上偏振镜头，两镜头的偏振方向成 90°。观察者佩戴偏振眼镜观看时，左右眼的偏振镜片也实现了相应的旋转。根据偏振原理，通过偏光眼镜，用户的左右眼都只能看见各自的图像，当图像间存在一定视差时，就可以产生立体视觉，其工作原理图如图 6.13 所示。

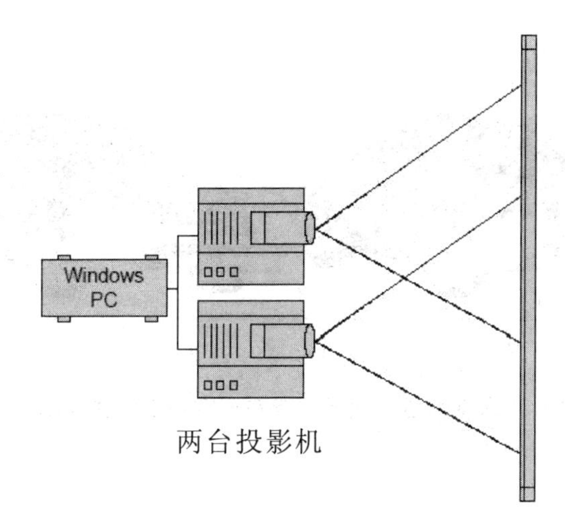

图 6.13 基于投影屏幕的被动式立体显示系统

本书设计的基于大屏幕投影的被动式立体显示系统由 HP Workstation 6200 图形工作站、两台 LCD 投影机、金属幕布、偏振片及若干偏振眼镜组成。大屏幕被动式立体显示系统不需要专业的四缓冲显卡，但需要显卡支持双头输出以连接两台投影机。将两个极化方向垂直的偏振片安装在投影机的镜头前方，注意偏振片的极化方向要与立体眼镜对应镜片的极化方向相同。在进行基于大屏幕投影的被动式立体显式之前，需对显卡进行设置。将显卡的属性设置为“水平跨越”模式，将屏幕分成左右两个矩形视口，两台投影机分别投影左右眼图像。图 6.14 所示为显卡的设置，图 6.15 所示为“水平跨越”模式下存在一定视差的模型的两个投影。

“垂直跨越”模式与“水平跨越”模式相似，它将屏幕分成上下视口，再分别投影。与主动式相比，被动式立体显示图像没有闪烁的问题；相比闸门式立体眼镜，偏振眼镜的成本较低，适合大规模群体观看。

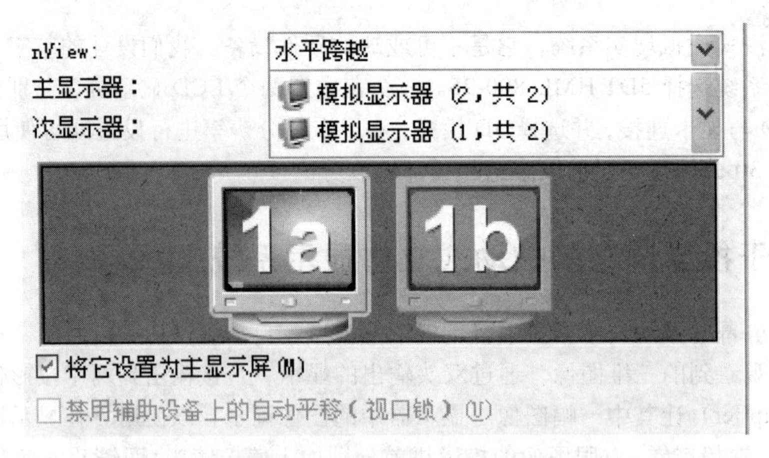

图 6.14　大屏幕投影的被动式立体显式的显卡设置

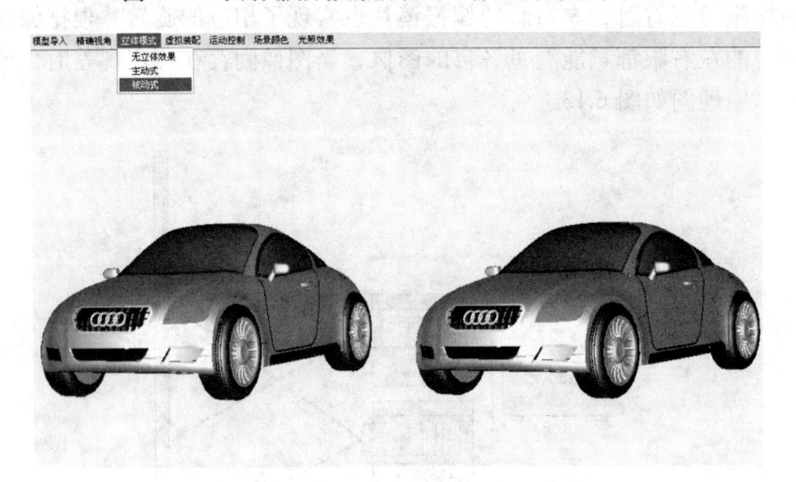

图 6.15　“水平跨越”模式下存在一定视差的模型的两个投影

6.5　实验项目

1. 简述双目视差原理。
2. 简要说明人眼的视觉系统和计算机的立体视觉模型。
3. 立体显示设备主要包括哪些类型？
4. 常用的立体眼镜有几种基本形式？
5. 在桌面主动式立体显示系统中，如何才能消除画面闪烁现象，获得平滑稳定的三维图像？
6. 试采用 OpenGL、WTK 或 Java 3D 等软件工具，设计实现基于桌面主动式的某产品的三维立体显示。
7. 编写人机交互控制界面程序，实现正视差、负视差和零视差的实时切换。

7 语音识别技术与虚拟装配

20 世纪 80 年代后期以来，多通道用户界面（Multi-modal User Interface）成为人机交互技术研究的新领域，在国际上受到高度重视。多通道用户界面综合了视觉、语音、手势等新的交互通道、设备和交互技术，使用户以自然、并行、协作的方式与计算机进行人机对话，通过整合多个通道的精确和不精确的输入，捕捉用户的交互意图，提高了人机交互的自然性和高效性。

语音识别（Speech Recognition）是一门交叉学科，是让机器通过识别和理解把语音信号转变为相应的文本或命令的技术。语音识别的研究工作可以追溯到 20 世纪 50 年代，当时美国的 AT& T Bell 实验室实现了第一个可识别 10 个英文或数字的语音识别系统——Audry 系统。此后，IBM、Apple、AT&T、NTT 等著名公司投入巨资进行语音识别系统的实用化开发研究，开发的语音识别软件有 IBM 公司的 Via Voice、微软公司的 Microsoft Speech Server 以及 SUN 公司的 Voice Tone 等，逐步突破了大词汇量、连续语音和非特定人三大障碍。语音识别技术与语音合成技术相结合使人们能够甩掉键盘，通过语音命令进行操作。让计算机能“听”、能“看”、能“说”、能“感觉”，是未来人机交互的发展方向，其中，语音成为未来最被看好的人机交互方式之一。

7.1 语音识别技术的主要研究内容

语音识别的关键技术包括特征提取技术、模式匹配准则和模型训练技术三个方面，另外还涉及语音识别单元的选取。语音识别技术所涉及的学科领域包括信号处理、模式识别、概率论和信息论、发声机原理和听觉原理、人工智能等。

语音信号中含有丰富的信息，这些信息称为语音信号的声学特征。特征参数提取技术就是从语言信号中提取用于语音识别的有用信息。特征参数应该尽量多地反映语义信息，尽量减少说话人的个人信息。模式匹配是根据一定准则，使未知模式与模型库中的某一个模型获得最佳匹配。模型训练是按照一定的准则，从大量已知的模式中获取表征该模式本质特征的模型参数。语音识别单元的选取是语音识别的第一步，语音识别单元有单词、音节、音素三种。其中，单词单元适用于中小词汇语音识别系统。因为汉语是单音节结构的语言，对于大中型词汇量的汉语语音识别系统，以音节为识别单元基本是可行的。

语音信号本身的特点造成了语音识别的困难，这些特点包括多变性、动态性、瞬时性和连续性等。语音交互具备其他交互方式不具有的自然性，因此，在 VR 系统中，语音的输入输出很重要，要求虚拟环境能听懂人的语言，并能与人实时交互。而让计算机识别人的语音是相当困难的，因为语音信号和自然语言信号有其“多边性”和复杂性。例如，连续语音中词与词之间没有明显的停顿，同一词、同一字的发音受前后词、字的影响，不仅不同人说同一词会有所不同，而且同一人发音也会受到心理、生理和环境的影响而有所不同。因此，尽管语音识别的研究工作迄今已有半个多世纪，但仍存在很多问题有待解决，其中包括：

（1）语音识别系统的适应性较差，尤其是当识别同种语言的不同方言时，识别系统往往不能胜任。

（2）在环境存在干扰因素时语音识别困难，例如，在强噪声干扰情况下，环境噪声对系统的识别能力提出了很大的挑战。

（3）目前的语音识别系统难以识别人的肢体语言，信息提取非常困难等。

语音识别过程实际上是一种认识过程。就像人们听语音时，并不把语音和语言的语法结构、语义结构分开来，因为当语音发音模糊时，人们可以利用这些知识指导对语言的理解过程。对计算机来说，识别系统也要利用这些方面的知识，但目前要准确有效地描述这些语法和语义还有一定的困难。

7.2 语音识别系统的组成与分类

计算机语音识别过程与人对语音的识别处理过程基本上是一致的。目前主流的语音识别技术是基于统计模式识别的基本理论。一个完整的语音识别系统大致由三部分组成：

（1）语音特征提取：从语音波形中提取出随时间变化的语音特征序列。

（2）声学模型与模式匹配（识别算法）。声学模型通常由获取的语音特征通过学习算法产生。在识别时将输入的语音特征与声学模型（模式）进行匹配与比较，得到最佳的识别结果。

（3）语言模型与语言处理。语言模型包括由识别语音命令构成的语法网络或由统计方法构成的语言模型，语言处理可以进行语法、语义分析。词汇量的多少反映了语音识别系统的困难度。对小词表语音识别系统，往往不需要语言处理部分。

按词汇量大小的不同，语音识别系统可以分为：

（1）小词汇量语音识别系统：通常是指包括几十个词的语音识别系统。

（2）中等词汇量语音识别系统：通常是指包括几百个词至上千个词的识别系统。

（3）大词汇量语音识别系统：通常是指包括几千至几万个词的语音识别系统。

声学模型是识别系统的底层模型，而且是语音识别系统中最为关键的一部分。声学模型的目的是提供一种有效的方法计算语音的特征矢量序列和每个发音模板之间的距离。语言模型对中、大词汇量的语音识别系统特别重要。当分类发生错误时可以根据语言学模型、语法结构、语义学进行判断纠正，特别是一些同音字必须通过上下文结构才能确定词义。语言学理论包括语义结构、语法规则、语言的数学描述模型等有关方面。目前比较成功的语言模型通常是采用统计语法的语言模型与基于规则语法结构命令语言模型。语法结构可以限定不同词之间的相互连接关系，减少识别系统的搜索空间，有利于提高系统的识别率。

根据对说话人说话方式的要求，语音识别系统可分为孤立词语音识别系统、连接词语音识别系统和连续语音识别系统。按照对说话人依赖程度的不同，还可分为基于特定人的语音识别系统和基于非特定人的语音识别系统两种。前者受说话人的制约，即经过练习，适应用户的声音后就能够进行语音识别，此时语音识别分为训练和识别两个阶段：第一步是系统“训练”阶段，任务是建立识别基本单元的声学模型；第二步是“识别”阶段，在一些对识别词汇需求量较少的场合，一般采用对重点词汇进行加强训练，通过识别这些词汇来完成目标。基于特定人语音识别的流程如图 7.1 所示。基于非特定人的语音识别不受说话人的限制，即无须通过说话人的练习就能进行语音识别。大家熟知的李开复博士就曾开创性地运用统计学原理开发出了世界上第一个“非特定人连续语音识别系统”。

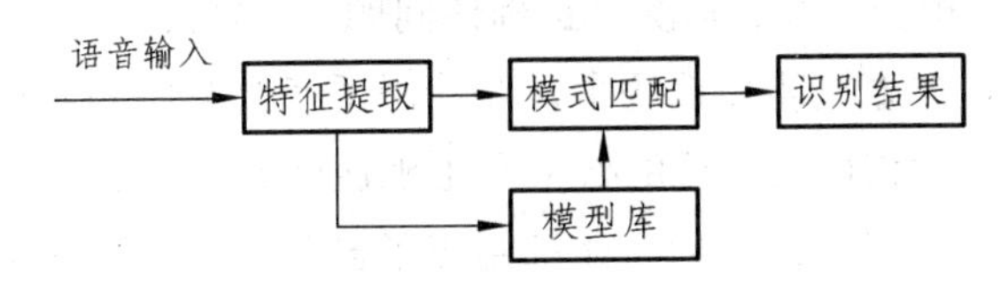

图 7.1　基于特定人的语音识别流程

7.3　语音识别技术的发展和应用

最早的语音技术因“自动翻译电话”计划而起，包含了语音识别和语音合成等主要的技术。语音识别技术发展到今天，特别是中小词汇量非特定人语音识别系统的识别精度已经大于 98%，对特定人的语音识别系统的识别精度就更高，这些技术已经能够满足普通应用的要求。由于大规模集成电路技术的发展，复杂的语音识别系统已经可以制成专用芯片，大量生产。在西方工业发达国家，大量的语音识别产品已经进入市场和服务领域，如一些电话机、手机已经包含了语音识别拨号功能。语音记事本、语音智能玩具等产品中也包括了语音识别与语音合成功能。人们可以通过电话网络用语音识别对话系统查询有关的机票、旅游、银行信息，可以通过语音命令方便地从远端的数据库系统中查询与提取有关的信息。语音合成技术的核心是文本到语音转换技术（Text to Speech，TTS），语音合成甚至已经应用到汽车的信息系统中，车主可以将下载到系统电脑中的文本文件、电子邮件、网络新闻或小说，转换成语音在车内收听。

我国语音识别技术的研究水平已经基本上与国外同步，而且在汉语语音识别技术上具有自己的特点与优势，并达到国际先进水平。语音识别的关键技术之一是语音识别专用芯片。国内研发的第一块语音识别专用芯片，包括了语音识别、语音编码、语音合成功能，可以识别 30 条特定人的语音命令，识别率超过 95%，其中的语音编码速率为 16 kbits/s。该芯片可以用于智能语音玩具，也可以与普通电话机相结合构成语音拨号电话机。让人与计算机自由地交谈，机器能听懂人的讲话，是语音识别技术的最终目标。

7.4　设计举例——网络环境下基于语音交互的虚拟装配系统

语音交互允许用户利用自身的内在感觉和认知技能与计算机系统进行交互，提高了人机交互的自然性和高效性。因此，通过语音交互这种人机交互方式可以构建一个更自然、更方便的虚拟装配环境。在这个虚拟环境下，利用语音识别技术和语音合成技术控制三维模型的装配过程并给出语音提示，检验模型的可装配性并实现自然的人机交互。在网络环境下建立一个基于语音交互的虚拟装配系统，通过语音识别技术和文本到语音技术实现虚拟环境下的装配环节，通过开放的网络平台为异地分布的设计人员提供共享的资源，有助于提高异地协同设计的效率。

使用人的自然语言作为计算机输入，目前有两个问题：首先是效率问题，为便于计算机理解，输入的语音可能会相当啰唆；其次是正确性问题，计算机理解语音的方法是对比匹配，而没有人的智能。因此，在虚拟装配系统中，要使用语音交互作为人机交互方式，首先必须解决在虚拟环境中语音识别和语音合成的效率和正确性问题。

在语音技术的开发中，许多公司和团体都制定了自己的应用程序接口。例如，微软公司的 MS API（Microsoft Speech API），IBM、Novel 和 Wordperfect 公司的 SRAPI（Speech Recognition API），Sun 公司的 JSAPI（Java Speech API）等。在 API 的基础上，一些第三方单位开发了包括 Sphinx-4、freeTTS 等在内的平台。这些第三方开发的引擎要么可以同时实现语音识别和语音合成（如 CMU-Sphinx-4），要么支持语音合成（如 freeTTS）。

在我们设计的基于语音识别技术的虚拟装配系统中，虚拟装配环境由 Java 3D 构建。通过引入由美国 Carnegie Mellon University 等研究机构开发的语音开放源码引擎——Sphinx-4，实现了在虚拟环境中的语音交互。在语音识别辅助软件的基础上，创建以下几个文件：一个语法文件（grammar）、一个 XML 的配置文件、一个语音识别的 Java 程序接口以及一个 Java Applet 程序，就能实现声音输入与 Java 3D 环境下的接口。其中，Java 语言接口 JRecognizer，用于实现语音识别的设备控制、引擎的开关以及获取识别的信息。语音合成的过程如图 7.2 所示。

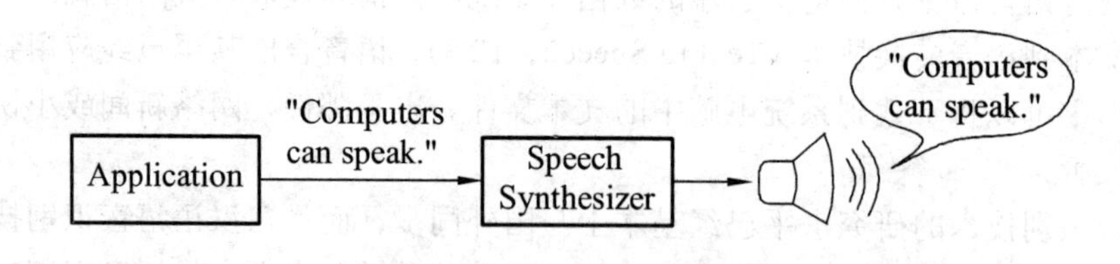

图 7.2　语音合成的过程

在本系统中，由于使用语音交互的方式，因此使用的麦克风和音响设备直接与计算机的音频输入输出插口相连。相关数据通过 Java Applet 程序的反馈，显示于图形用户界面。Java 提供了通信 API（包含于 java.comm 包中），用于通过与机器无关的方式，控制各种外部设备。使用该 API，要在 JDK 安装文件夹（Java\jre\lib\ext）的目录下加入 comm.jar 这个扩展类库。语音识别结果可以反馈到界面上。通过语音命令可以实现虚拟环境下模型的导入、改变模型的外观并且显示装配轨迹，使用户能够掌握模型的装配运动轨迹。系统的图形用户主界面如图 7.3 所示。

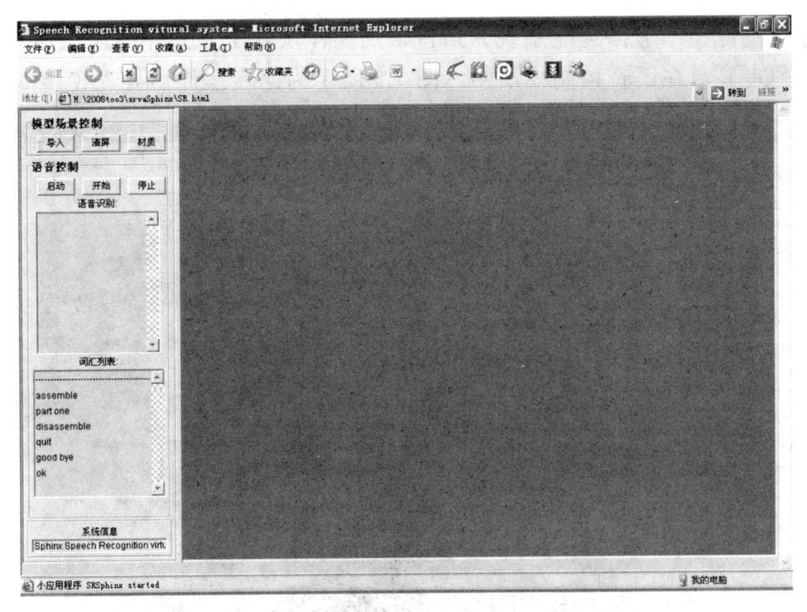

图 7.3　网络环境下基于语音交互的虚拟装配系统主界面

通过麦克风或其他语音输入工具输入语音信息，并利用语音识别系统捕捉装配零部件间的装配语音关系，从而在装配环境中完成相关模型的装配。图 7.4 所示为虚拟装配流程。以圆柱体和面板上的孔进行装配为例，具体过程如下：

步骤 1：导入新模型，给出需装配的两部件的可用约束。

步骤 2：对模型约束做出判断，语音输入第 1 个装配约束（轴对齐）。

步骤 3：语音引擎进行语音识别，如果识别正确，模型完成第 1 个装配约束；如果识别不明则需要重新输入语音信息。

步骤 4：系统提示完成第 1 个装配约束，并继续完成其他约束。

步骤 5：语音输入第 2 个约束（面对齐），完成装配仿真。

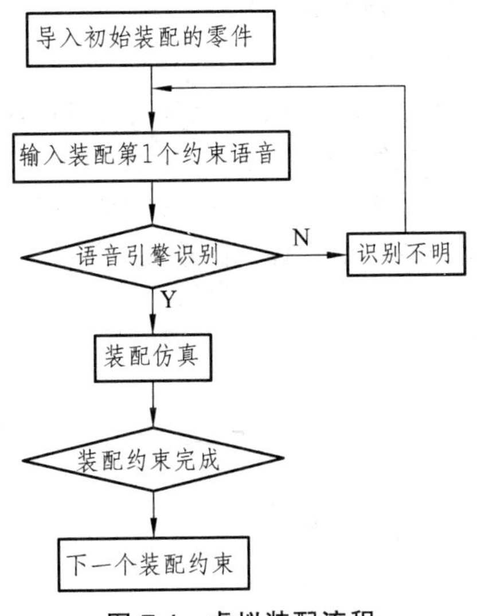

图 7.4　虚拟装配流程

为节约计算机资源，虚拟装配系统为语音识别操作设置了开始和结束按钮。识别语法文件提供的词汇列表显示在语音控制模块中。图 7.5 所示为语音操作后导入模型的场景。

图 7.5 通过语音识别命令导入模型的场景

7.5 实验项目

1. 虚拟声音与立体声有何不同?
2. 实现语音识别的基本途径有哪些? 试举例说明。
3. 简述语音识别系统的基本分类。
4. 举例说明你所了解的语音识别工具平台。
5. 简述基于特定人的语音识别流程。
6. 试用某种语音识别工具（如微软公司的基于 C++的 Microsoft Speech SDK)，编写应用程序实现语音识别和文本到语音转换两种功能。
7. 试用 Java Speech API 将语音技术应用到 Java Applet 和应用程序的用户界面中。
8. 利用 IBM 公司开发的 ViaVoice 软件，朗读文本并录入语音库，检验你的识别率是多少。

8 基于立体显示技术的多参数耦合滑动轴承虚拟实验

滑动轴承广泛应用于旋转机械领域，对其内部机制的研究能够有效提高工作能力，而油膜的动态特性是研究的重点之一。机械专业和近机类专业的学生在学习“机械设计”“机械设计基础”等课程时，滑动轴承压力分布实验是必做的实验之一。国内滑动轴承实验台种类繁多，机械式滑动轴承实验台采用千分表来读取径向油膜和轴向油膜压力数据，人工绘制径向和轴向油膜压力分布曲线。这种实验台大多数是在定轴承参数条件下工作，无法考察变参数对轴承油膜压力分布的影响情况，因此学生很难全面了解影响滑动轴承压力分布的各种因素。新型的滑动轴承实验台通过与计算机连接，在滑动轴承周向、轴向承载区安装压力传感器，经电压放大器和 A/D 转换装置，采集有关油膜压力分布的实验数据输送到计算机中进行计算和数据处理，在屏幕上显示实验曲线、打印实验报告等，比旧式实验台在技术上有了很大的改进。西南交通大学国家级机械基础实验教学示范中心自主研发了 ZHS20 型滑动轴承实验台，可完成滑动轴承的基本性能、滑动轴承摩擦状态、多参数耦合下滑动轴承性能特性研究等多个实验，能绘制出二维的轴向油膜压力分布曲线和滑动轴承 p-f-n 关系图。

由于在实际的物理实验台上不可能随意改变轴承宽径比、润滑油黏度等参数，因此，我们研制开发了基于立体显示技术的多参数耦合滑动轴承虚拟实验台，深化与拓展现有的滑动轴承实验。

8.1 实验项目简介

目前，仿真技术已广泛应用于机械工程的各个领域，通过仿真和实验相结合，可以降低实验设备的成本，直观表达实验当中的各个因素对实验结果的影响。同时，将先进的虚拟现实技术应用于机械基础实验教学，有助于提高理论和实践相结合的质量和水平，增强学生对液体动压润滑理论的理解，提高滑动轴承设计能力，培养科学实验素养和创新能力。本实验项目涉及的学科包括机械设计及理论、虚拟现实技术、数值计算、三维人机交互界面设计等。实验项目设计的目的是通过滑动轴承油膜压力场的三维数据实时可视化，借助立体显示技术进行多参数耦合滑动轴承特性动态研究。通过直观显示滑动轴承油膜压力场的三维模型，有助于学生更深刻地理解滑动轴承油膜压力分布规律和影响滑动轴承油膜压力的各种因素。实验中，学生借助虚拟实验台的三维人机交互界面进行相关交互操作，实时改变转速、润滑油黏度、轴承宽径比、载荷等参数，系统通过求解三维油膜压力雷诺方程，得到滑动轴承油膜压力三维分布数据，将三维压力数据实时显示为压力场的三维模型，实现径向滑动轴承油膜压力分布的三维立体可视化，压力分布直观、形象、生动。

三维立体显示是通过计算机和相关的硬件设备，模拟人的左右两眼视差，创造出具有深度感的立体视觉效果，使观察者产生身临其境的沉浸感。与 CAD 的二维显示相比，立体显示更加逼真，更具感染力。本虚拟实验通过主动式、被动式立体显示系统，借助价格低廉的立体眼镜，获得良好的沉浸感。主要实验内容包括：动压润滑形成的充分与必要条件、各种参数对三维压力分布的影响、不同参数下的周向与轴向压力分布、各种参数对偏心率的影响、立体显示形成原理、主动式与被动式的区别等。

8.2 虚拟滑动轴承实验台使用说明

虚拟滑动轴承实验台的系统主界面如图 8.1 所示。

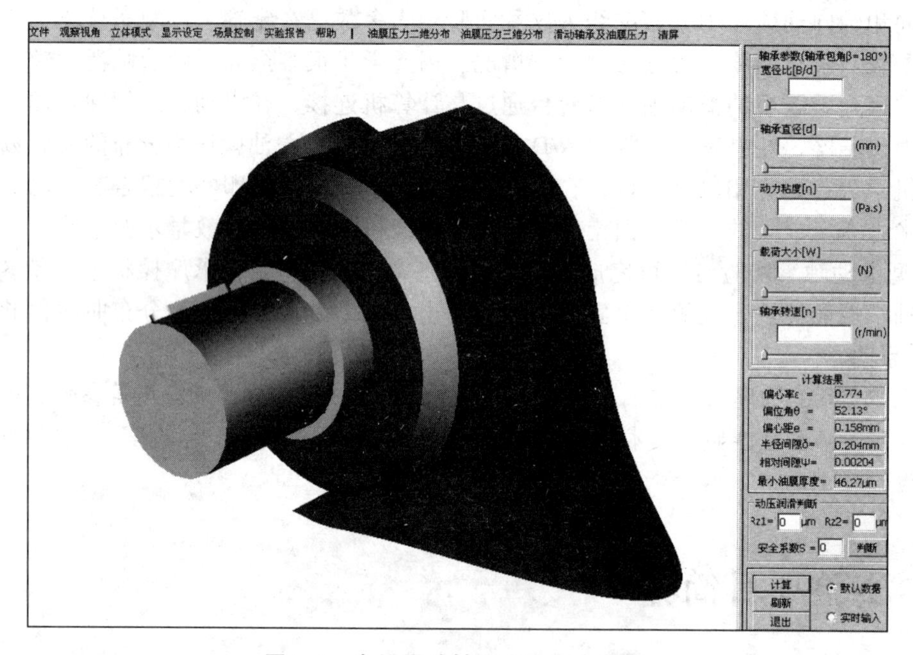

图 8.1 虚拟滑动轴承实验台主界面

屏幕右侧为相关参数输入显示区。通过参数输入模块，可以实时改变滑动轴承的多个运行参数，如直径、宽径比、载荷、转速、动力黏度等。参数输入有“默认数据”和“实时输入”两种。若采取实时输入方式，则用户可以任意输入、更改参数。输入参数后，点击【计算】按钮，相应的计算结果就会实时显示出来；如果输入参数不合理，系统将给出相应提示。点击【刷新】按钮可将所有参数和结果清零。如果输入轴承和轴表面的微观不平度十点高度 R_{Z1}、R_{Z2} 和安全系数 S，点击【判断】按钮，则系统给出轴承液体动压状态的判断结果。屏幕上方为交互控制区。交互功能主要包括场景控制、视角切换、三维与二维压力分布选择、立体显示模式设定以及实验报告等。视角切换模块可使用户从 6 个不同视点观察三维压力分布模型，为分析油膜压力分布情况提供方便。显示模式设定可以使系统在主动式立体显示、被动式立体显示和无立体显示等状态之间自由切换。压力分布模型可以选择点云或实体的形式。借助鼠标或键盘，可以调整模型的方位，实现三维压力分布模型的旋转、缩放等。通过实验报告管理模块，可以进行实验前的预习，实验后完成实验报告。屏幕中间区域为二维压力分布、三维压力分布以及滑动轴承模型显示区，用户在该区域观察实验结果。图 8.2 所示为大屏幕被动式立体显示状态下的滑动轴承与三维油膜压力分布，佩戴偏振式立体眼镜后，两幅图像即可实现融合，产生立体沉浸感；图 8.3 所示为三维压力点云分布；图 8.4 所示为 $\phi=90°$ 处的轴向二维压力分布情况；图 8.5 所示为 $z=130$ mm 处的周向二维压力分布情况。

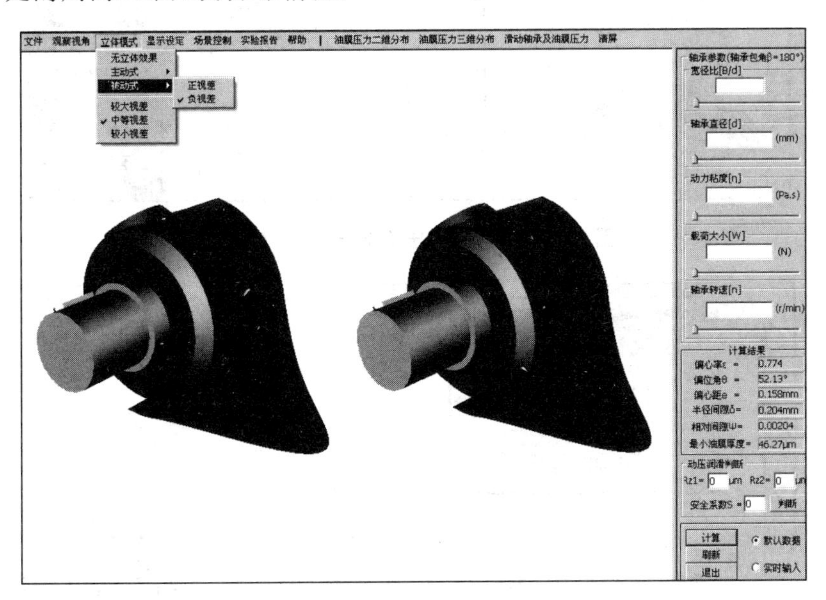

图 8.2　大屏幕被动式立体显示状态下的滑动轴承与三维油膜压力分布

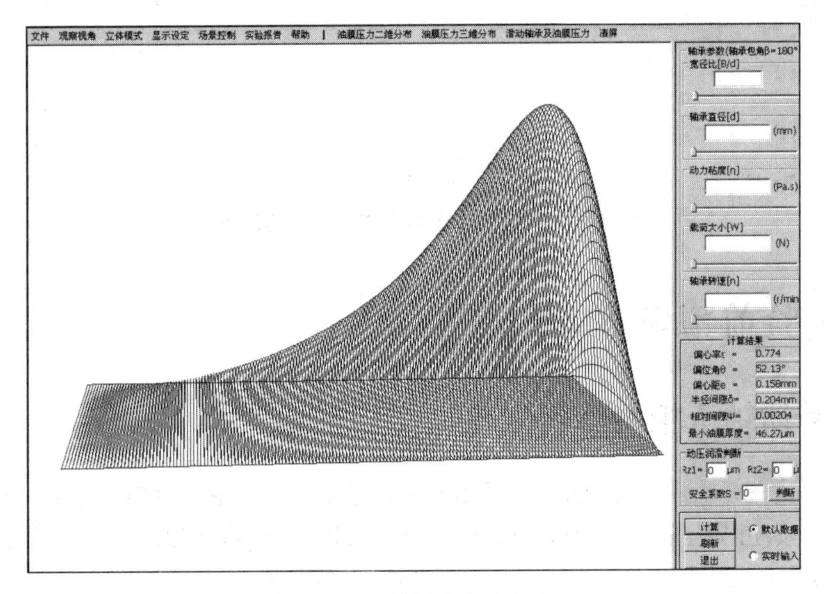

图 8.3　三维压力点云分布

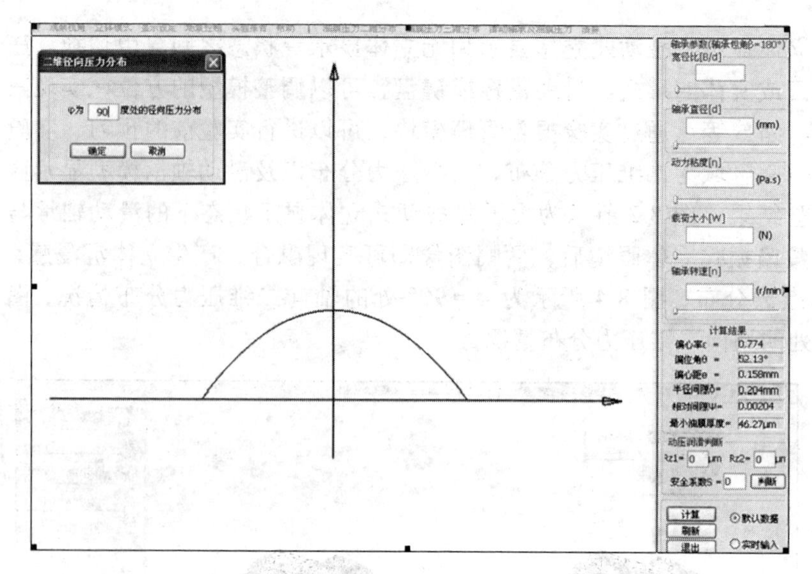

图 8.4　轴向二维压力分布（$\phi = 90°$）

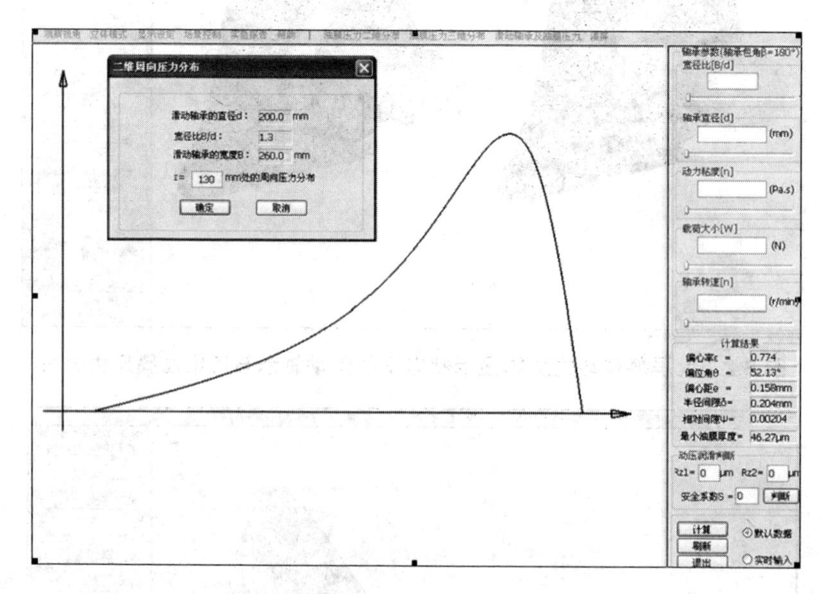

图 8.5　周向二维压力分布（$z = 130$ mm）

8.3　实验前预习

8.3.1　滑动轴承相关学科知识

（1）基本参数：轴颈中心 O_1、轴承中心 O、轴承孔半径 R、轴颈半径 r、油膜厚度 h、偏位角 θ、起始角 φ、轴颈角速度 ω、载荷 W、油膜压力 p、润滑油沿轴承周向的速度 v、沿轴向的速度 u、润滑油的动力黏度 η、润滑油的密度 ρ。

半径间隙：$\delta = R - r$

相对间隙：$\psi = \dfrac{\delta}{r}$

偏心距：$e = \overline{O_1 O}$

偏心率：$\varepsilon = \dfrac{e}{\delta}$

油膜厚度：$h = \delta(1 + \varepsilon\cos\varphi)$

（2）流体动压油膜形成原理。

（3）动压滑动轴承的工作原理。

（4）周向与轴向压力分布。

8.3.2 实验重点与难点

（1）动压润滑形成的充分与必要条件。

（2）各种参数对压力分布的影响。

（3）立体显示形成原理以及主、被动式的异同。

8.4 实验报告

基于立体显示技术的多参数耦合滑动轴承虚拟实验
实验报告

班级		姓名		学号		日期	
指导教师						成绩	

1. 实验目的。

2. 与滚动轴承相比，滑动轴承有什么特点?

3. 试在宽径比 B/d、直径 d、径向载荷 W、转速 n 不变的情况下，只改变黏度 η，分析三维油膜压力的变化。利用滑动轴承虚拟实验台，用三维截屏图进行对比说明。

4. 试在直径 d、径向载荷 W、转速 n、黏度 η 不变的情况下，只改变宽径比 B/d，分析三维油膜压力的变化。利用滑动轴承虚拟实验台，用三维截屏图进行对比说明。

5. 试在宽径比 B/d、径向载荷 W、转速 n、黏度 η 不变的情况下，只改变直径 d，分析三维油膜压力的变化。利用滑动轴承虚拟实验台，用三维截屏图进行对比说明。

6. 试在宽径比 B/d、直径 d、转速 n、黏度 η 不变的情况下，只改变径向载荷 W，分析三维油膜压力的变化。利用滑动轴承虚拟实验台，用三维截屏图进行对比说明。

7. 试在宽径比 B/d、直径 d、径向载荷 W、黏度 η 不变的情况下，只改变转速 n，分析三维油膜压力的变化。利用滑动轴承虚拟实验台，用三维截屏图进行对比说明。

8. 滑动轴承工作时，若其他条件不变，而载荷不断增大，则偏心距如何变化？利用滑动轴承虚拟实验台，用三维截屏图进行对比说明。

9. 通过基于立体显示技术的多参数耦合滑动轴承特性虚拟实验，说明主动式立体显示、被动式立体显示、正视差显示、负视差显示的区别。

10. 通过在实际的滑动轴承物理实验台和基于立体显示技术的滑动轴承虚拟实验台进行滑动轴承多参数耦合特性研究实验，谈谈你对两种实验台实验效果的感受。

参 考 文 献

[1] 王培俊，高明. 虚拟现实与逆向工程技术实验教程[M]. 成都：西南交通大学出版社，2006.

[2] 陈定方，罗亚波. 虚拟设计[M]. 北京：机械工业出版社，2007.

[3] 胡小强. 虚拟现实技术[M]. 北京：北京邮电大学出版社，2005.

[4] 蒋燕萍，夏旺盛，黄心渊. 几种 Web3D 技术的比较[J]. 北方工业大学学报，2003，15（3）：21-25.

[5] 严隽琪，范秀敏，马登哲. 虚拟制造的理论、技术基础与实践[M]. 上海：上海交通大学出版社，2003.

[6] Wang P J，ERIKSSON M， BJARNEMO R. Web-based Interactive VR-CAD System for Conceptual design and Analysis [J]. Journal of Southwest Jiaotong University (English Edition)，2007，4 (15): 330-337.

[7] 陈鹏，王培俊，唐秀桢. 基于 Web 的立体显示和多通道实时交互技术的研究[J]. 机械与电子，2006，165（9）：58-60.

[8] WANG P J， KREUTZER I A， BJARNEMO R, et al. A Web-based Cost-effective Training Tool with Possible Application to Brain Injury Rehabilitation [J].Computer Methods and Programs in Biomedicine，2004，3 (74): 235-243.

[9] WANG P J， BJARNEMO R， MOTTE D. Development of a Web-based Customer-oriented Interactive Virtual Environment for Mobile Phone Design. Proceedings of ASME 2003 Computers and Information in Engineering Conference， Chicago， Illinois USA， 2003，9: 1183-1191.

[10] 王培俊，张忠，罗大兵. 基于 VR 和面向用户的家具远程三维实时定制系统研究[J]. 中国机械工程，2004，12(15):1073-1076.

[11] 王培俊，王金诺，BJARNEMO R. 基于 Web 和 VR 技术的动态实时异地协同设计系统[J]. 机械设计，2004，21(9)：4-6.

[12] WANG P J， BJARNEMO R， MOTTE D. A web-based customer-oriented interactive virtual environment for mobile phone design. ASME Transactions: Journal of Computing & Information Science in Engineering，2005， 5(3)：67-70.

[13] 龙时丹，王培俊，陈鹏. 基于 Web 的虚拟环境中模型库技术研究[J]. 机械，2006， 10：10-11.

[14] 覃杰，王培俊，罗水鑫，等. 基于 Web 的自行车三维虚拟实时定制设计[J].机械，2009，12（36）：1-3.

[15] 王松，王培俊，李聪，等. 基于 Web 的物流自动化分拣系统虚拟实时定制设计[J]. 物流技术，2010，29（17）：124-125.

[16] BURDEA G C，COIFFET P. 虚拟现实技术[M]. 2 版. 魏迎梅，栾悉道，等，译. 北京：电子工业出版社，2005.

[17] 洪炳镕，蔡则苏，唐好选．虚拟现实及其应用[M]．北京：国防工业出版社，2005.
[18] 张杰. Java3D 交互式三维图形设计[M]. 北京：人民邮电出版社，1999.
[19] 郭兆荣，李菁，王彦．Visual C++ OpenGL 应用程序开发[M]．北京：人民邮电出版社，2006.
[20] 管贻生．Java 高级实用编程[M]．北京：清华大学出版社，2004.
[21] 张晓东．Java 数据库高级教程[M]．北京：清华大学出版社，2004.
[22] 王培俊，龙时丹，朱润华. 网络环境下基于立体鼠标和数据库的虚拟装配[J]. 机械设计与制造，2008，4:75-77.
[23] 郭蕴华，高长寿，汪海志，等．Web 环境下的交互式虚拟产品设计系统[J]．计算机工程，2005，31(15)：192-194.
[24] 李国良，王培俊，侯磊，等. 基于 OpenGL 的虚拟数控车床加工仿真系统研究[J]. 机械设计与制造，2011，11：168-170.
[25] 陈鹏,王培俊,龙时丹,等. 网络环境下基于立体视觉和数据手套的模具虚拟装配[J]. 计算机应用，2007，6（27）：83-86.
[26] 王文静，王培俊，杨利明，等. 基于 OBB 算法和数据手套的模具虚拟装配系统研究[J]. 机械与电子，2009，12：13-15.
[27] 赵崇，王培俊. 立体显示技术在产品虚拟设计中的应用与研究[J].机械工程与自动化，2009，5：25-29.
[28] 王鸿森，王培俊，赵崇，等. 数字化实验教学示范中心的建设与探索[J]. 实验室研究与探索，2009，3（28）：205-207.
[29] 杨利明，王培俊，王文静，等. 基于 Vega-MultiGen 实验中心虚拟漫游系统及 GIS 研究[J]. 计算机技术与发展，2010，4（20）：239-241.
[30] 董士海.人机交互的进展及面临的挑战[J].计算机辅助设计与图形学学报，2004,16(1)：1-13.
[31] 赵鸿宇，钟诗胜，林琳．虚拟装配技术概述[J]．计算机仿真，2006，23（10）：273-276.
[32] 行开新，田凌. 支持异地协同设计的异构 CAD 虚拟装配系统[J]. 清华大学学报（自然科学版），2009，49（9）：226-231.
[33] 王文涛. 基于虚拟手的人机交互技术研究[D]. 武汉：华中科技大学，2005.
[34] 郑轶,宁汝新,唐承统,等. 虚拟装配中人机交互技术研究[J]. 北京理工大学学报,2006，26（1）：19-22.
[35] 张宇辉，吕国强，胡跃辉，等．立体显示的双目模型算法及实现[J]．计算机工程与应用，2006，35：65-67.
[36] 梁栋，韦穗，周敏彤．双眼立体感知几何模型的研究[J]．中国图像图形学报，1998，3（8）：679-683.
[37] 贾惠柱. 虚拟现实中立体显示技术的研究与实现[D]. 大庆：大庆石油学院，2002.
[38] 隋婧，金伟其. 双目立体视觉技术的实现及其进展[J]. 计算机应用，2004，10：4-6.
[39] 张宇辉，吕国强，胡跃辉，等. 立体显示的双目模型算法及实现[J]. 计算机工程与应用，2006，35：65-67.
[40] 刘加，刘润生. 语音识别技术. 中国科普 http://www.yesky.com/344/192344.shtml.

[41] 朱润华，王培俊．网络环境下基于语音识别的虚拟装配系统研究[J]．机械与电子，2008，186（4）：66-67.

[42] 李永海，汪林林．语音语法在 VoiceXML 中的应用[J]．计算机科学，2005，32（8）：106-108.

[43] 张婕，王丹力．基于上下文的多通道语义融合[J]．计算机工程与设计，2007，28（1）：1-3.

[44] 阳旭，王培俊，杨利明，等．滑动轴承三维油膜压力动态分布可视化研究[J]．机械工程与自动化，2010，2：14-16.

[45] 孟繁娟，杜永平．径向滑动轴承油膜压力分析[J]．轴承，2008，1：23-25.

[46] 范红红，张小栋，李单龙．基于 OpenGL 技术的滑动轴承油膜特性的可视化研究[J]．润滑与密封，2008，33（11）：81-83.